高等职业教育机电类专业系列教材

机械零件测绘技术

主编　赵焰平

参编　赵春辉　张文叶　苏建宏

西安电子科技大学出版社

内 容 简 介

本书是坚持以能力培养与素质提高为主旨、以学生就业为导向、以服务教学为目的的理实一体化教材。本书也是机械制图课程实践教学的重要环节,旨在通过一到两周的时间,以项目驱动的方式进行机械测绘综合训练,具有职业性、综合性、实践性、实用性等特点。本书分为七个项目,内容包括机械零件测绘基本知识、减速器拆装、减速器从动轴测绘、减速器端盖零件测绘、减速器箱座测绘、常用件与标准件测绘、减速器测绘。

本书适合五年制高职院校机械加工技术专业、机械制造与控制专业、机电一体化专业、模具设计与制造专业等机械类专业使用,也可供中等职业学校机械、机电、数控类专业选用,还可供职业培训或相关技术人员参考使用。

图书在版编目(CIP)数据

机械零件测绘技术/赵焰平主编. —西安:西安电子科技大学出版社,2018.3(2021.1 重印)
ISBN 978-7-5606-4776-0

Ⅰ.①机… Ⅱ.①赵… Ⅲ.①机械元件—测绘 Ⅳ.①TH13

中国版本图书馆 CIP 数据核字(2017)第 316865 号

策　　划　李惠萍　秦志峰
责任编辑　师　彬　阎　彬
出版发行　西安电子科技大学出版社(西安市太白南路 2 号)
电　　话　(029)88242885　88201467　　邮　　编　710071
网　　址　www.xduph.com　　　　　　电子邮箱　xdupfxb001@163.com
经　　销　新华书店
印刷单位　咸阳华盛印务有限责任公司
版　　次　2018 年 3 月第 1 版　　2021 年 1 月第 2 次印刷
开　　本　787 毫米×1092 毫米　1/16　印　张　8.5
字　　数　195 千字
印　　数　3001～6000 册
定　　价　22.00 元
ISBN 978-7-5606-4776-0/TH

XDUP　5078001-2
如有印装问题可调换

前　言

　　本书内容主要由机械测绘基础知识和机械测绘项目训练组成，通过讲解游标卡尺、千分尺、内径百分表等基本测量工具，使学生学会测量直线尺寸、回转面直径、壁厚、圆角等几何要素；通过对一级直齿圆柱齿轮减速器的测绘，使学生了解机械测绘的工作方法与步骤，能正确拆卸和装配测绘对象，了解其内部构造与原理，并画出装配示意图，即使学生能熟练正确地绘制装配图、零件图并科学、合理地提出技术要求。

　　为充分体现学生学习的主体性，各训练单元由一系列任务组成，学生在明确学习任务和学习要求后，梳理出工作思路和工作方法，进而完成任务，此过程就是学生自主学习、自我实践、提高执行力的过程。

　　本书适合五年制高职院校机械加工技术专业、机械制造与控制专业、机电一体化专业、模具设计与制造专业等机械类专业使用，也可供中等职业学校机械、机电、数控类专业选用，还可供职业培训或相关技术人员参考使用。

　　本书由江苏联合职业技术学院靖江办学点赵焰平担任主编，参加编写的还有无锡技师学院(立信中专)赵春辉、江苏省武进中等专业学校张文叶、江苏省靖江中等专业学校苏建宏。本书的编写得到相关企业的支持与配合，在此致以最诚挚的感谢！在本书的编写过程中还得到江苏省靖江中等专业学校领导的大力支持与帮助，在此一并表示感谢！

　　本书是各相关学校倾力合作与集体智慧的结晶，尽管在教材特色建设方面我们做出了许多努力，但不足之处仍在所难免，恳请广大教师和读者在教材使用过程中给予关注，并将意见和建议及时反馈给我们，以便修订时完善。

编　者

2017 年 10 月

目　　录

项目一 机械零件测绘基本知识

任务一 初识机械零件测绘技术

一、机械零件测绘概述

测绘就是根据实物，通过测量，绘制出实物图样的过程。机械测绘是以机器为对象，通过测量和分析，绘制其零件图和装配图的过程。

测绘与设计不同，测绘是先有实物，再画出图样；而设计一般是先有图样后有样机。如果把设计工作看成是构思实物的过程，则测绘工作可以说是一个认识实物和再现实物的过程。测绘往往要对某些零件的材料、特性进行多方面的科学分析鉴定，甚至研制。因此，多数测绘工作带有研究的性质，基本属于产品研制范畴。根据测绘目的不同，机械测绘可以分为三类，如图 1-1 所示。

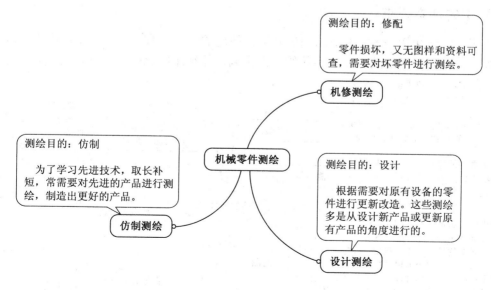

图 1-1　机械测绘的种类

二、测绘的目的

　　"机械制图"课程是研究机械图样的绘制与识读规律的一门实践性很强的技术基础课，旨在培养学生具有基本的绘制和阅读机械图样的能力。因此，在学习过程中，学生除了要系统地学习基本知识、基本原理和方法外，还应接受较全面的技能训练，进行零部件测绘，这正是理论联系实际的一个重要实践教学环节。通过现实机械设备的测绘，理论联系实际，深刻地理解工程制图在机械设计和机械制造中的重要作用，对机械制图课程的基础知识、基本技能和国家标准等有关知识综合运用，并能较全面地巩固和提高。进行比较系统的测绘制图实践，其目的是使学生理论联系实际，掌握零部件测绘的工作程序及技能，熟悉装配图及零件图表达方案的选择，正确合理地标注尺寸，并合理编写零件图和装配图的技术要求，培养学生具有基本的绘制和阅读机械图样的能力，以达到如图1-2所述的目的。

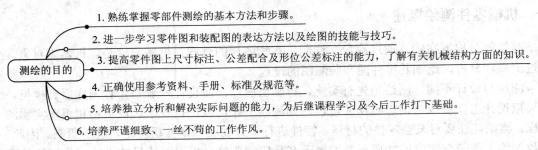

图 1-2　测绘的目的

三、测绘的基本要求

　　在测绘中要注意培养独立分析问题和解决问题的能力，有错必改，不能不求甚解、照抄照搬，应培养严谨细致、一丝不苟的工作作风，并且保质、保量，按时完成零部件测绘任务。具体要求如图1-3所示。

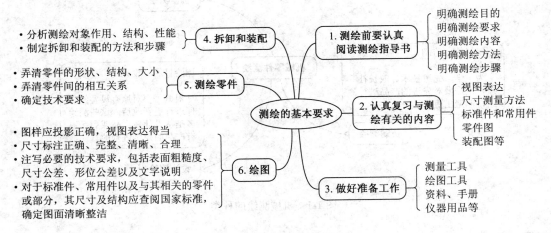

图 1-3　测绘的基本要求

任务二 了解测量技术

一、测量技术简述

测量是指将被测对象与具有确定计量单位的标准量进行比较，从而确定被测量量值的实验过程。一个完整的几何量测量过程应包括四个要素：被测对象、计量单位、测量方法、测量精度，如图1-4所示。

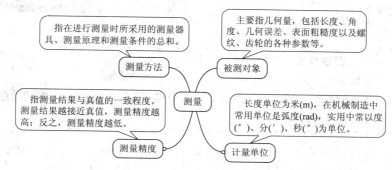

图 1-4 测量四要素

二、常用测量器具

在测绘图上，必须完备地记录尺寸、所用材料、加工面的粗糙度、精度以及其他必要的资料。一般测绘图上的尺寸，都是用量具在零部件的各个表面上测量出来的。因此，我们必须熟悉量具的种类和用途。量具或检验的工具称为计量器具，其中比较简单的称为量具，具有传动放大或细分机构的称为量仪。常见计量器具见表1-1。

资源2 常见测量工具的使用

表 1-1 常见计量器具

计量器具的种类		常用计量器具示例
量具 一种在使用时具有固定形态、用以复现或提供给定量的一个或多个已知量值的器具，是实物量具的简称，其结构比较简单，没有传动放大系统	**标准量具** 指用于测量或检定标准的量具	 量块　　　直角尺
	通用量具 也称万能量具，是指测量范围和测量对象较广泛的量具，一般可直接测得精确的实际值	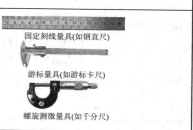 固定刻线量具(如钢直尺) 游标量具(如游标卡尺) 螺旋测微量具(如千分尺)

续表一

计量器具的种类		常用计量器具示例
量规 一种没有刻度的量具。用量规检验零件(尺寸、形状、位置)是否合格,不能获得被测几何量的具体数值,只能判断合格性	**光滑极限量规** 用来测量工件尺寸的精密量具,可作为尺寸基准,也可用于比较测量,还可直接用于校验	 环规　　卡规 塞规
	螺纹量规 用于检测符合国家标准及国际标准的螺纹制件	 螺纹环规　　　　螺纹塞规
	圆锥量规 指用以综合检验圆锥的量具,满足机械制造业锥体制件的互换性要求,可实现锥度传递及检测	 圆锥工作环规、塞规
量仪 将被测量值转换成直接观察的示值或等效信息的测量器具	**机械量仪** 利用精密齿条齿轮机构制成的表式通用量仪,示值范围较小,灵敏度较高,结构紧凑	 百分表　　杠杆百分表　扭簧比较仪
	光学量仪 以影像法和轴切法按直角坐标与极坐标精确地测量各种零件	 19JC 数字式万能工具显微镜
	电动式量仪 将原始信号变成电路参数的计量仪器	 新型偏摆检测仪
	气动仪 与气动测头或气动测量装置配套使用,用比较测量方法可对多种机械零件的尺寸与几何公差进行精密测量	 浮标式气动量仪

续表二

计量器具的种类	常用计量器具示例
计量装置　由测量器具和辅助装置组成，用于完成特定测量的整体	 三坐标测量仪

任务三　掌握互换性的基本概念

一、互换性的概念

　　互换性是指在机械和仪器制造工业中，在同一规格的一批零件或部件中，任取其一，不需任何挑选或附加修配(如钳工修理)就能装在机器上，达到规定的性能要求。

　　在机械和仪器制造中，遵循互换性原则，不仅能显著提高劳动生产率，而且能有效保证产品质量和降低成本。所以，互换性是机械和仪器制造的重要生产原则与有效技术措施。

　　机械和制造业中的互换性通常包括几何参数(如尺寸)和力学性能(如硬度、强度)的互换。所谓几何参数，一般包括尺寸大小、几何形状(宏观、微观)以及相互位置关系等。为了满足互换性的要求，应将同规格的零部件的实际值控制在一定的范围内，以保证零部件充分近似，即应按公差来制造。公差即允许实际参数值的最大变动量。

　　从使用方面来看，如人们经常使用的自行车和手表的零件、生产中使用的各种设备的零件等，当它们损坏以后，修理人员很快就可以用同样规格的零件换上，恢复自行车、手表和设备的功能。而在某些情况下，互换性所起的作用还很难用价值来衡量。例如在战场上，要立即排除武器装备的故障，继续战斗，这时零部件的互换性是绝对必要的。

　　从制造方面来看，互换性是提高生产水平和进行文明生产的有力手段。装配时，不需辅助加工和修配，故能减轻装配工人的劳动强度，缩短装配周期，并且可使装配工人按流水作业方式进行工作，以至进行自动装配，从而大大提高效率。加工时，由于规定有公差，同一部机器上的各种零件可以同时加工。用量大的标准件还可以由专门车间、工厂单独生产。这样就可以采用高效率的专用设备，乃至采用计算机辅助加工，从而使产量和质量得到提高，成本也会显著降低。

　　从设计方面来看，由于采用互换原则设计和生产标准零部件，可以简化绘图、计算等工作，缩短设计周期，并便于用计算机辅助设计。

二、标准与标准化

　　要使具有互换性的产品几何参数完全一致是不可能，也是不必要的。在此情况下，要使同种产品具有互换性，只能使其几何参数、功能参数充分近似。其近似程度可按产品质量要求的不同而不同。现代化生产的特点是品种多、规模大、分工细和协作多。为使社会生产有序地进行，必须通过标准化使产品规格品种简化，使分散的、局部的生产环节相互协调和统一。

标准是对重复性事物和概念所作的统一规定，它以科学、技术和实践经验的综合成果为基础，经有关方面协商一致，由主管机构批准，以特定形式发布，作为共同遵守的准则和依据。

标准按不同的级别颁发。我国标准分为国家标准、行业标准、地方标准和企业标准。

对需要在全国范围内统一的技术要求，应当制定国家标准(其代号为 GB)；对没有国家标准而又需要在全国某个行业范围内统一的技术要求，可制定行业标准，如机械标准(JB)等；对没有国家标准和行业标准而又需要在某个范围内统一的技术要求，可制定地方标准或企业标准，它们的代号分别用 DB、QB 表示。

在国际上，为了促进世界各国在技术上的统一，成立了国际标准化组织(简称 ISO)和国际电工委员会(简称 IEC)，由这两个组织负责制定和颁发国际标准。我国于 1978 年恢复参加 ISO 组织后，陆续修订了自己的标准。修订的原则是，在立足我国生产实际的基础上向 ISO 靠拢，以利于我国和世界各国的技术交流和产品互换。

标准化是指标准的制定、发布和贯彻实施的全部活动过程，包括从调查标准化对象开始，经试验、分析和综合归纳，进而制定和贯彻标准，以后还要修订标准，等等。标准化是以标准的形式体现的，也是一个不断循环、不断提高的过程。

标准化是组织现代化生产的重要手段，是实现互换性的必要前提，是国家现代化水平的重要标志之一。它对人类进步和科学技术发展起着巨大的推动作用。

三、优先数和优先数系

GB321—2005 中规定以十进制等比数列为优先数系，并规定了五个系列，它们分别用系列符号 R5、R10、R20、R40 和 R80 表示，其中前四个系列作为基本系列，R80 为补充系列，仅用于分级很细的特殊场合。

优先数系的五个系列中任一个项值均为优先数。按公比计算得到的优先数的理论值，除 10 的整数幂外，都是无理数，在工程技术上不能直接应用，实际应用的都是经过圆整后的近似值。根据圆整的精确程度，优先数可分为：

(1) 计算值：取五位有效数字，供精确计算用。

(2) 常用值：即经常使用的通常所称的优先数，取三位有效数字。

完工后的零件是否满足公差要求，要通过检测加以判断。检测包含检验与测量。

检验是要确定零件的几何参数是否在规定的极限范围内，并作出合格性判断，而不必得出被测量的具体数值。

测量是将被测量与作为计量单位的标准量进行比较，以确定被测量的具体数值的过程。

检测不仅用来评定产品质量，而且用于分析产生不合格品的原因，及时调整生产，监督工艺过程，预防废品产生。检测是机械制造的"眼睛"。产品质量的提高除设计和加工精度的提高外，往往更有赖于检测精度的提高。所以，合理地确定公差与正确进行检测是保证产品质量、实现互换性生产的两个必不可少的条件和手段。

四、机械精度概述

一般来说，在机械产品的设计过程中，需要进行以下三方面的分析计算：

1) 运动分析与计算

根据机器或机构应实现的运动，由运动学原理确定机器或机构的合理的传动系统，选择合适的机构或元件，以保证实现预定的动作，满足机器或机构在运动方面的要求。

2) 强度的分析与计算

根据强度、刚度等方面的要求，决定各个零件合理的基本尺寸，进行合理的结构设计，使其在工作时能承受规定的负荷，达到强度和刚度方面的要求。

3) 几何精度的分析与计算

零件基本尺寸确定后，还需要进行精度计算，以决定产品各个部件的装配精度以及零件的几何参数和公差。

机械精度设计是根据机械的功能要求对机械零件的尺寸精度、形状和位置精度以及表面精度按要求进行设计，并标注在零件图和装配图上。机械精度设计应遵循以下原则：

(1) 互换性原则：是指同种零件在几何参数方面能够彼此互相替换的性能。

(2) 经济性原则：主要考虑工艺性、精度要求的合理性、原材料选择的合理性、是否设计合理的调整环节以及工作寿命等因素。

(3) 匹配性原则：根据机器或位置中各部分各环节对机械精度影响程度的不同，对各部分各环节提出不同的精度要求和恰当的精度分配，做到恰到好处。

(4) 最优化原则：探求并确定各组成零部件精度处于最佳协调时的集合体，如探求并确定先进工艺、优质材料等。

任务四　熟悉机械测绘的步骤与要求

一、机械测绘常用的方案

由于机械测绘的目的不同，所以测绘的方法也不同，在实际测绘中常有以下几种方案，如图 1-5 所示。

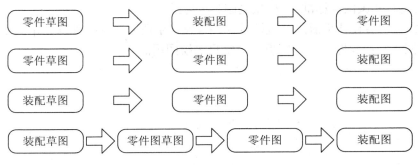

图 1-5　机械测绘常用的方案

　　以上几种方案各有优缺点，可以按照测绘要求，测绘对象的复杂程度，灵活采用，以达到准确快速的目的。

　　测绘过程是一个复杂的工作过程，它不仅仅是照实样画个图、标注完尺寸就行了，还要确定公差、配合、形位公差、材料、热处理、表面处理等技术要求。所以要有正确的指导思想、工作步骤和方法来引领测绘工作，以确保高质量、高速度完成测绘工作。

二、机械测绘的步骤

　　机械测绘的一般步骤如图 1-6 所示。

图 1-6　机械测绘的步骤

三、组织形式及准备工作

1. 关于分组

　　(1) 根据班级实际情况，可以组成若干个学习小组。

　　(2) 分组时，应考虑能力的均衡，根据学生的学习成绩、独立工作能力、组织能力等，使每组内学生能互相交流、互相学习、取长补短，便于测绘工作顺利进行。

　　(3) 每组应指定一个组长，负责组织管理工作，并能起到带头的作用。测绘体、量具、工具、资料由组长分配专人负责保管，并督促组员遵守工作纪律，保持工作场地的整洁。

2. 准备工作

　　(1) 测绘指导书：每组一份。

　　(2) 测绘体：每组一台，一周之前应进行清理、检查。

　　(3) 量具和工具：普通游标卡尺、深度游标卡尺、钢直尺、呆扳手、半径规、橡胶锤等。

　　(4) 参考资料。

　　教科书：《机械制图》。

　　中华人民共和国国家标准：《机械制图》。

　　参考书：《机械设计手册》、《机械设计课程设计手册》、《互换性与技术测量》。

　　(5) 绘图工具：绘图仪器、图板、丁字尺等绘图用品。

项目二　减速器拆装

任务一　拆装减速器

一、任务导入

选用正确的拆装工具对一级直齿圆柱齿轮减速器进行拆装。

二、相关知识

1.减速器的基本知识

减速器是一种动力传递机构，利用齿轮的速度转换器，将电机的转速减速到所需要的工作转速。减速器是由齿轮传动或蜗杆传动以及轴、轴承、箱体等零件组合在一起，并封闭在箱体内的传动装置。它安装在原动机和工作机之间，起降低转速和增大转矩的作用，具有结构紧凑、效率高、使用和维护简单等特点，所以应用广泛。

减速器的种类很多。按其传动及结构特点，常用的齿轮及蜗杆减速器大致可分为三类：齿轮减速器、蜗杆减速器和行星减速器。

(1) 齿轮减速器(如图 2-1 所示)。这类减速器主要有圆柱齿轮减速器、圆锥齿轮减速器和圆锥—圆柱齿轮减速器三种。

(a) 单级齿轮减速器　　　　　　　　　　　(b) 多级齿轮减速器

图 2-1　几种齿轮减速器外观图

(2) 蜗杆减速器(如图 2-2 所示)。这类减速器主要有圆柱蜗杆减速器、圆弧齿蜗杆减速器、锥蜗杆减速器和蜗杆—齿轮减速器等。

二级减速器

图 2-2　几种蜗杆减速器外观图

（3）行星减速器。这类减速器主要有渐开线行星齿轮减速器、摆线针轮减速器和谐波齿轮减速器等。图 2-3 为摆线针轮减速器原理图。

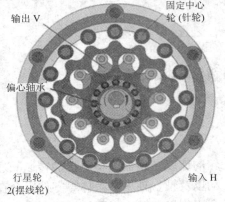

图 2-3　摆线针轮减速器原理图

齿差行星齿轮减速器

摆线针轮减速器结构图

2. 单级直齿圆柱齿轮减速器的工作原理

单级直齿圆柱齿轮减速器是通过装在底座内的一对啮合齿轮的转动，动力从一轴(主动轴，也即输入轴)传至另一轴(从动轴，也即输出轴)，实现减速，如图 2-4 所示。动力由电动机通过皮带轮(图中未画出)传送到齿轮轴，然后通过两啮合齿轮(小齿轮带动大齿轮)传送到轴，从而实现减速之目的。

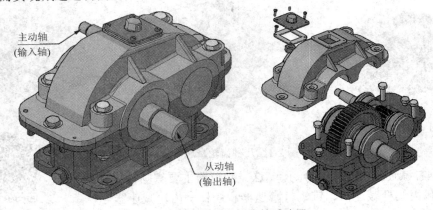

图 2-4　单级直齿圆柱齿轮减速器

3. 认识常用拆装工具

表 2-1 为常用拆装工具名称、图例及使用说明。

常见工具的使用

表 2-1 常用拆装工具

名称	图　　例	使用说明
手锤	锤头的形状	手锤是用来敲击的工具，有金属手锤和非金属手锤两种。常用金属锤有钢锤和铜锤两种；常用非金属锤有塑胶锤、橡胶锤、木锤等。手槌的规格是以锤头的重量来表示的，如 0.5 磅、1 磅等
螺丝起子		螺丝起子主要作用是旋紧或松退螺丝。常见的螺丝起子有一字形螺丝起子、十字形螺丝起子和双弯头形螺丝起子三种
固定扳手		固定扳手主要是旋紧或松退固定尺寸的螺栓或螺帽。常见的固定扳手有单口扳手、梅花扳手、梅花开口扳手及开口扳手等。固定扳手的规格是以钳口开口的宽度标识的
梅花扳手		梅花扳手的内孔为 12 边形，它只要转过 30°，就能调换方向，所以在狭窄的地方使用比较方便
活动扳手	(a) 正确　　(b) 不正确	钳口的尺寸在一定的范围内可自由调整，用来旋紧或松退螺栓、螺帽。活动扳手的规格是以扳手全长尺寸标识的

名称	图例	使用说明
棘轮扳手	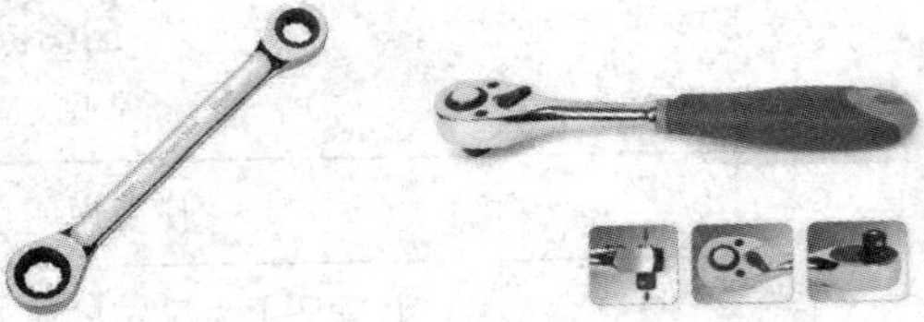	棘轮扳手利用棘轮机构可在旋转角度较小的工作场合进行操作。棘轮扳手分为普通式和可逆式两种。普通式需要与方榫尺寸相应的直接头配合使用，可逆式的旋转方向可正向或反向
管扳手	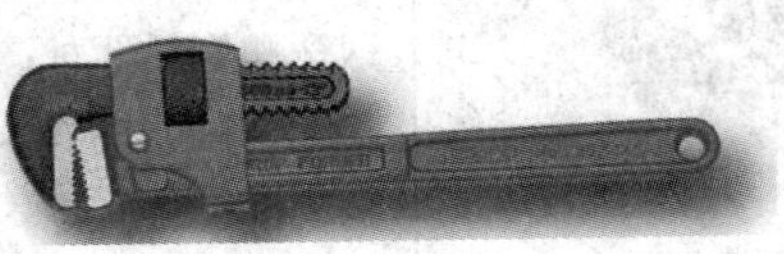	钳口有条状齿，常用于旋紧或松退圆管、磨损的螺帽或螺栓。管扳手的规格是以扳手全长尺寸标识的
钩形扳手	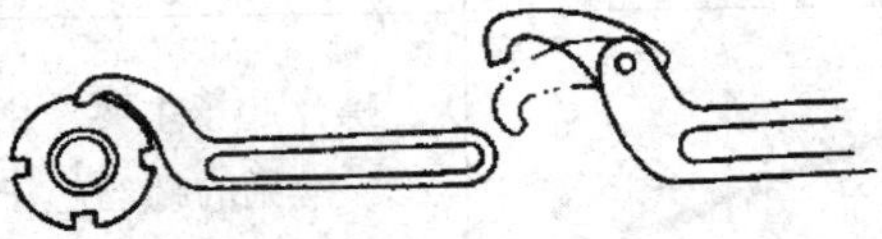	钩形扳手主要用来装拆圆螺母
套筒扳手	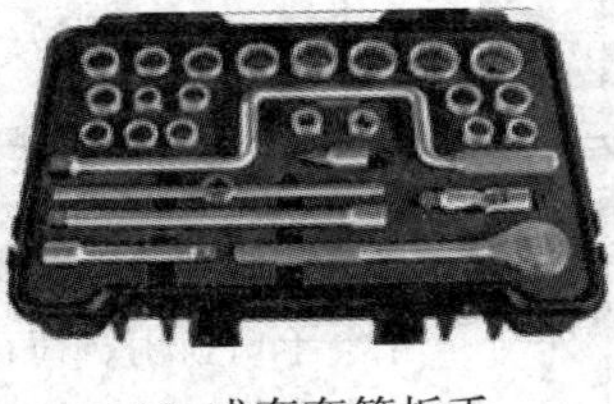 (a) 成套套筒扳手 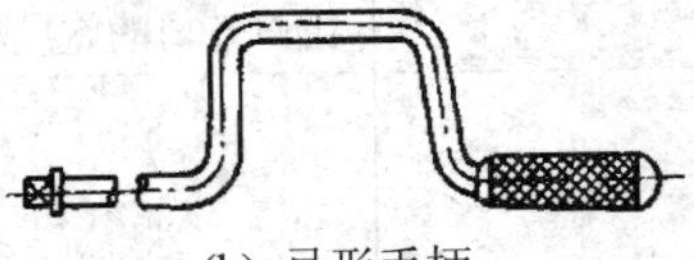 (b) 弓形手柄 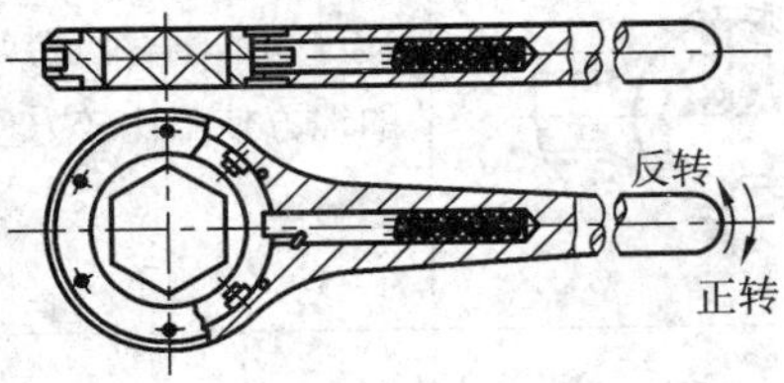 (c) 棘轮扳手	套筒扳手由一套尺寸不等的梅花套筒及扳手柄组成。 在成套套筒扳手中，使用如图(b)所示的弓形手柄，可连续转动手柄，加快扳转速度。使用如图(c)所示的棘轮扳手，在正转手柄时，可使螺母被扳紧；而在反转手柄时，由于棘轮在斜面的作用下，从套筒的缺口内退出打滑，因而不会使螺母随着反转。旋松螺母时，只要将扳手翻身使用即可
内六角扳手	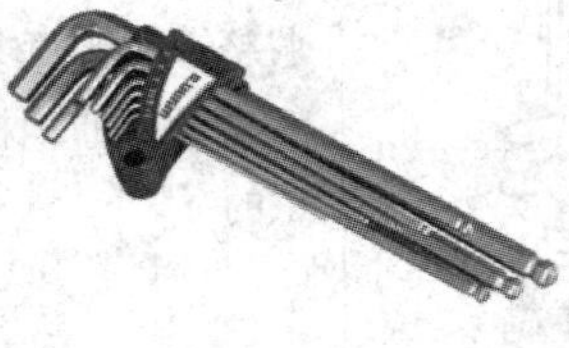	内六角扳手用于旋紧内六角螺钉，由一套不同规格的扳手组成，使用时根据螺纹规格采用不同的内六角扳手

续表二

名称	图例	使用说明
力矩扳手		对于要求严格控制拧紧力矩的重要螺纹连接,可采用指针式扭力扳手
特殊扳手		为了某种目的而设计的扳手称为特殊扳手。常见的特殊扳手有六角扳手、T 型夹头扳手、面扳手及扭力扳手等
夹持用手钳		夹持用手钳的主要作用为夹持材料或工件
夹持剪断用手钳		常见的夹持剪断用手钳有侧剪钳和尖嘴钳。夹持剪断用手钳的主要作用除可夹持材料或工件外,还可用来剪断小型物件,如钢丝、电线等
拆装扣环用卡环手钳		拆装扣环用卡环手钳有直轴用卡环手钳和套筒用卡环手钳两种。拆装扣环用卡环手钳的主要作用是装拆扣环,即可将扣环张开套入或移出环状凹槽
特殊手钳		常用的特殊手钳有剪切薄板、钢丝、电线的斜口钳,剥除电线外皮的剥皮钳,夹持扁物的扁嘴钳,夹持大型筒件的链管钳等
顶拔器		顶拔器又称拉马、拔轮器,是用于拆卸装在传动轴上的轴承、皮带轮及齿轮、凸轮、连接器等机械零件的一种工具

4. 装配示意图的画法

装配示意图是用线条和符号来表示零件间的装配关系及装配体工作方式的一种工程简图，它主要表明部件中各零件的相对位置、装配连接关系和运转情况，以确保画装配图和重新装配工作的顺利进行。装配示意图也是绘制装配图时的重要参考资料。

装配示意图画法

1) 装配示意图中的常用符号

装配示意图用线条和符号来表示零件间的装配关系，但目前装配示意图的符号还没有统一的规定。在工程实践中，人们创造了一些常用零件的符号，其中一些符号被广泛采用，已有约定俗成的趋势。常用的简化符号见表 2-2，供测绘时参考。

表 2-2　机械装配示意图中的常用简化符号(非标准化，仅供参考)

序号	名称	立体图	符号
1	螺钉、螺母、垫片		
2	传动螺杆		
3	在传动螺杆上的螺母		
4	对开螺母		
5	手轮		
6	压缩弹簧		
7	顶尖		
8	皮带传动		

序号	名　　称	立体图	符号
9	开口式平皮带		
10	圆皮带及绳索传动		
11	链传动		
12	两轴平行的圆柱齿轮传动		
13	两轴线相交的圆锥齿轮传动		
14	两轴线交叉齿轮传动蜗轮蜗杆传动		
15	齿条啮合		

续表二

序号	名　称	立体图	符号
16	向心滑动轴承		
17	向心滚动轴承		
18	向心推力轴承		
19	单向推力轴承		
20	轴杆、联杆等		
21	零件与轴的活动连接		
22	零件与轴的固定连接		
23	花键连接		

序号	名　称	立体图	符号
24	轴与轴的固定连接		
25	万向联轴器连接		
26	单向离合器		
27	双向离合器		
28	锥体式摩擦离合器		
29	电动机		

2) 装配示意图的两种常见画法

装配示意图的画法也没有统一的规定。通常，图上各零件的结构形状和装配关系可用较少的线条形象地表示，简单的甚至可以只用单线条来表示。目前，较为常见的有"单线+符号"和"轮廓+符号"两种画法，见表 2-3。"单线+符号"画法是将结构件用线条来表示，对装配体中的标准件和常用件用符号来表示的一种装配示意图画法。用这种画法绘制装配示意图时，两零件间的接触面应按非接触面的画法来绘制。用"轮廓+符号"画法画装配示意图时，画出部件中一些较大零件的轮廓，其他较小的零件用单线或符号来表示。

表 2-3　装配示意图画法

装配示意图画法	图　例		
	轴测图	装配图	装配示意图
"单线+符号"画法			
"轮廓+符号"画法			

3) 绘制减速器的装配示意图

可以在拆卸前画出装配示意图的初稿，然后边拆卸边补充完善，最后画出完整的装配示意图。装配示意图需用简单线条先画出大致轮廓，以表示零件间的相对位置和装配关系。它是绘制装配图和重新装配的依据。

通过减速器的分解图(如图2-5所示)和装配图(如图2-6所示)可知，该减速器的主动轴与被动轴两端均由滚动轴承支承，工作时采用飞溅润滑，改善了工作情况。垫片、挡油环、填料是为了防止润滑油渗漏和灰尘进入轴承；支承环是防止大齿轮轴向窜动；调整环是调整两轴的轴向间隙；减速器机体、机盖用圆柱销定位，并用螺栓紧固；机盖顶部有观察孔，机体有放油孔。

图2-5 减速器分解图

减速器工作原理

图2-6 减速器装配图

画出减速器的装配示意图，如图 2-7 所示；减速器的详细零件资料参见表 2-4。

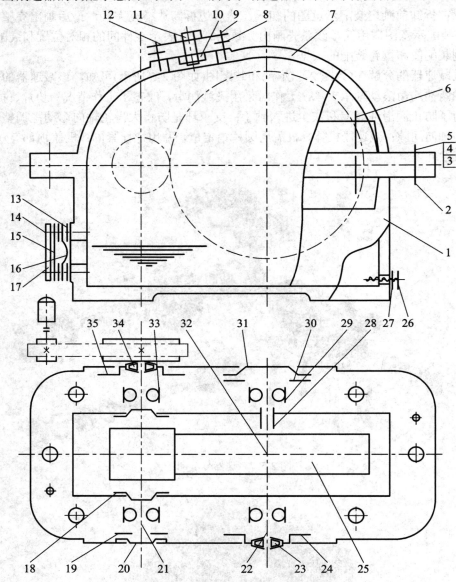

图 2-7　单级圆柱直齿轮减速器装配示意图

表 2-4　减速器零件明细表

序号	名　称	材　料	数　量	备　注
1	箱座	HT150	1	
2	销 3X18	35	2	GB/T 197—2000
3	垫圈 8	65Mn	6	GB/T 97.1—1987
4	螺母 M8	35	6	GB/T 6170—2000
5	螺栓 M8X25	35	2	GB/T 5782—2000

续表

序号	名　称	材　料	数　量	备　注
6	螺栓 M8X65	35	4	GB/T 5782—2000
7	箱盖	HT150	1	
8	垫片	毛毡	2	
9	螺钉 M3X10	35	4	GB/T 67—2000
10	螺母 M10	35	1	GB/T 6170—2000
11	通气塞	45	1	
12	小盖	Q235	1	
13	垫片	毛毡	2	
14	螺钉 M3X14	35	3	GB/T 67—2000
15	油面指示片	赛璐珞	1	
16	反光片	铝	1	
17	小盖	HT150	1	
18	挡油环	Q235	2	
19	调整环	Q235	1	
20	端　盖	HT150	1	
21	齿轮轴	45	1	
22	轴	45	1	
23	毡圈	毛毡	1	
24	端盖	HT150	1	
25	齿轮	45	1	
26	螺塞	45	1	
27	垫圈 10	Q235	2	GB/T 97.1—1987
28	套筒	Q235	1	
29	滚动轴承 6204		2	GB/T 276—1994
30	调整环	Q235	1	
31	端盖	HT150	1	
32	键 10X22	45	1	GB/T 1096—1979
33	滚动轴承 6206		2	GB/T 276—1994
34	毡圈	毛毡	1	
35	端盖	HT150	1	

三、任务实施

1. 拟定拆卸方案

(1) 各小组参照预习时编写的操作步骤，讨论、研究并拟定初步的拆卸方案。

(2) 合理选择拆卸工具和设备。拆卸前应做好准备工作，准备的工具较多，包括敲击工具、螺钉旋具、扳手、拉卸工具、常用设备等。

(3) 明确操作目标，动手进行规范拆卸，记录实际操作步骤。

2. 安全文明操作

拆卸过程中一定要安全文明操作，要有一定的质量和成本意识，并遵守 6S 现场管理规定。

3. 记录拆卸步骤

拆卸完毕，应进一步完善拆卸方案，待减速器拆卸结束，认识结构后，再进一步完善拆卸步骤，最后把拆卸步骤记录到任务书上，并注意保持版面清洁、工整。

4. 拆卸注意事项

(1) 拆卸箱盖时应先拆开连接螺钉与定位销，再用起盖螺钉将盖、座分离，然后利用盖上的吊耳或环首螺钉起吊。拆开的箱盖与箱座应注意保护其结合面，防止碰坏或擦伤。

(2) 拆卸时用力应适当，特别要注意对主要部件的拆卸，不能使其发生任何程度的损坏。

(3) 拆装轴承时须用专用工具，不得用锤子乱敲。无论是拆卸还是装配，均不得将力施加于外圈上通过滚动体带动内圈，否则将损坏轴承滚道。

对于圆柱滚子轴承的拆卸，可以用压力机将轴承压出，如图 2-9 所示；也可采用顶拔器拉出的方法，如图 2-10 所示；图 2-8 所示为错误的拆卸方法。

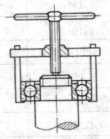

图 2-8　错误的拆卸方法(从轴上压出轴承)

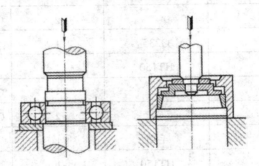

图 2-9　用压力机拆卸圆柱滚子轴承(拆卸可分离轴承)

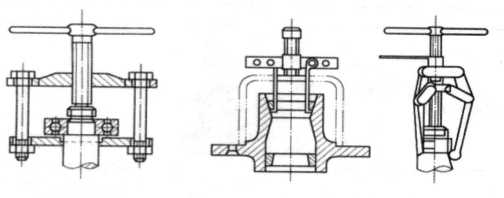

　　　　(a) 用双杆顶拔器拆卸　　　　　　　　　　　　(b) 用三杆顶拔器拆卸

图 2-10　用顶拔器拆卸圆柱滚子轴承

　　圆锥滚子轴承若直接装在锥形轴颈上或装在紧定套上，拆卸时，先拧松锁紧螺母，然后用软金属棒和锤子，向锁紧螺母方向敲击，可将轴承拆下，如图 2-11 所示。

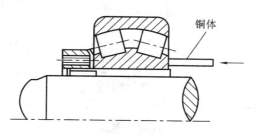

图 2-11　带紧定套轴承的拆卸

　　(4) 用锤击法拆卸齿轮时，必须加垫较软的衬垫，或用较软材料的锤子(如铜锤)或冲棒，以防损坏齿轮表面。

　　(5) 拆卸下的零件应尽快清洗和检查。在一对相互配对的齿轮同一面做好标记，以便装配时容易辨认。

　　(6) 在拆卸旋转轴时，应注意尽量不破坏原来的平衡状态。

5. 减速器拆卸步骤

减速器的具体拆卸步骤可参见表 2-5。

　　　减速器拆卸　　　　　　　减速器结构认识及拆装

表 2-5　减速器拆卸步骤

拆卸步骤	拆卸示意图	注意事项
(1) 拆卸机盖上与机座相连的螺栓和螺母		为了保证拆卸操作中不发生安全意外伤害，确保拆卸后各零部件能按原位装好，教师要特别提醒学生在拟定拆卸方案时，要注意以下几个问题，并做好相应的预防措施：
(2) 拆出轴通盖与轴止盖上和机盖与机座相连的螺栓		(1) 拆卸前，观察减速器的外观特征，牢记各零部件位置、整体形状和安装方向；
(3) 抽出连接机盖与机座的螺栓，把机盖拆出		(2) 文明拆装、切忌盲目。拆卸前要仔细观察零部件的结构及位置，考虑好合理的拆装顺序，拆下的零部件要妥善安放好，避免丢失和损坏；
(4) 拧开放油塞并取出油标，排放干净箱体内的机油		(3) 禁止用铁器直接打击加工表面和配合表面，拆卸过程中，对于拆下的零件应系上标鉴，注明其所属部件、次序等，以免混淆或丢失，做好各零部件之间相对位置的记号；
(5) 拆出轴通盖与轴止盖，并把垫圈与毡圈拆出		(4) 注意安全，轻拿轻放。爱护工具和设备，操作要认真，特别要注意手脚安全；
(6) 拆出小齿轮轴组与大齿轮轴组		(5) 做好拆卸安全事故应急处置预案

6. 减速器的装配步骤

1) 减速器的装配技术要求

减速器由机座、机盖、齿轮轴、大齿轮、轴、轴承与端盖等组成。减速器装配后应达到下列要求：零件和组件必须按照配图要求安装在规定的位置，整机性能应符合设计要求；固定连接必须牢固；齿轮副啮合灵活，传动平稳，轴承间隙调整合适；润滑良好，无渗漏现象。

2) 减速器的装配过程

(1) 零件的清洗、整形和补充加工。这一步主要是清除零件表面的防锈油、灰尘、切屑等，修整箱盖、轴承盖等铸件的不加工表面，使其外形与箱体结合部位的外形相一致。同时，修整零件上的锐边、毛刺和搬运中因碰撞而产生的印痕。

(2) 零件的预装。零件的预装又称试配。为了保证装配工作顺利进行，某些相配零件应先试配，待配合达到要求后再拆下。在试配过程中，有时还要进行修锉、刮削、研磨等工作。

(3) 组件装配。减速器装配可分为组件装配和总装配两部分。总装配之前，可将减速器划分成主动齿轮轴、大齿轮轴、端盖等组件先行装配，以提高装配效率。

(4) 总装配与调整。在完成组件装配后，即可进行总装配。减速器的总装配是以机座为基准零件，将主动齿轮轴和大齿轮轴组件安装在机座上，使两齿轮位置正确。啮合正常，然后装上机盖，用螺栓、螺母紧固，在两端面分别装上端盖组件，并利用调整垫片调整轴承的轴向间隙，再装上螺塞等零件，注入工业齿轮油润滑，最后装上视孔盖组件。至此，总装配完毕。

(5) 试车。将减速器接上电动机，并用手转动试转，一切符合要求后接上电源，用电动机带动空转试车。试车时需运转 30 min 以上，要求运转平稳，噪声小，固定连接处无松动，油池和轴承的温升不超过规定要求。

3) 减速器的装配注意事项

(1) 滚动轴承装配的技术要求：

① 按轴承的规格准备好装配所需的工具和量具。

② 按图样要求认真检查与轴承相配合的零件，并用煤油或汽油将其清洗、擦拭干净后涂上润滑油。

③ 检查轴承型号与图样所标识的是否一致，并把轴承清洗干净。对于表面无防锈油涂层并包装严密的轴承可不进行清洗，尤其是对有密封装置的轴承，严禁清洗。

④ 安装滚动轴承时，应将轴承上带有标记代号的端面装在可视方向，以便于更换时进行查对。

⑤ 滚动轴承在轴上或装入轴承座孔后，不允许有歪斜的现象。

⑥ 在同一根轴的两个滚动轴承中，必须使其中一个轴承在受热膨胀时留有轴向移动的余地。

⑦ 装配滚动轴承时，压力(或冲击力)应直接加在待配合套圈的端面上，不允许通过滚动体传递压力。

⑧ 轴承端面应与轴肩或支承面贴实。

⑨ 装配过程中应保持清洁，防止异物进入轴承内部。

⑩ 装配后的轴承应转动灵活，噪声小，工作温度不超过 50℃。

(2) 滚动轴承常用的装配方法。滚动轴承多数为较小过盈配合的装配，装配时常采用压入(或敲入)法、温差法和液压套合法等。

· 压入(或敲入)法

① 采用手锤施力时，不能用手锤直接敲打轴承外圈，应使用垫套或铜棒，将轴承敲到轴上。用力应均匀，且力应施加在轴承内圈端面上，如图 2-12(a)、(b)所示；轴承装到轴承座内孔时，力应均匀地施加在轴承外圈端面上，如图 2-12(c)所示。

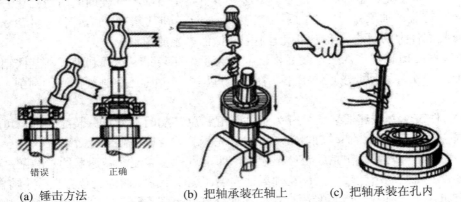

　　(a) 锤击方法　　　　　　(b) 把轴承装在轴上　　　　(c) 把轴承装在孔内

图 2-12　用手锤与铜棒装配滚动轴承

② 借助套筒施力时，可用压力机将轴承压入轴和轴承座孔内，如图 2-13 所示。若无专用套筒，可采用手锤与铜棒沿零件四周对称、均匀敲入，达到装配的目的。

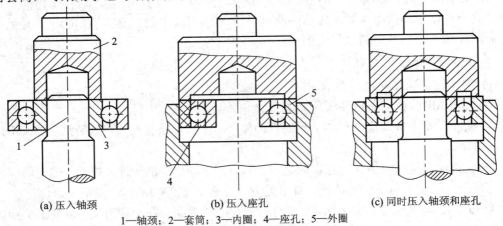

　(a) 压入轴颈　　　　　　(b) 压入座孔　　　　　　(c) 同时压入轴颈和座孔

1—轴颈；2—套筒；3—内圈；4—座孔；5—外圈

图 2-13　用套筒装配滚动轴承

· 温差法

温差法又可分为加热法与冷冻法。

① 加热法。加热法即采用将轴承加热、使内圈涨大的方法。加热时，温度控制在 80℃～100℃之间，加热后取出轴承，用比轴颈尺寸大 0.05 mm 左右的测量棒测量轴承孔径，若尺寸合适，应迅速将轴承推入轴颈。

② 冷冻法。冷冻法即将轴承放置在工业冰箱或冷却介质中冷却，取出轴承后，立即测量轴承外径缩小量，若尺寸合适，立即进行装配。

• 液压套合法

由手动泵产生的高压油进入轴端，经通路引入轴颈环形槽中，使轴承内孔胀大，再利用轴端螺母旋紧，将轴承装入。此法适用于轴承尺寸和过盈量较大、又需要经常拆装的场合，也用于可以敲击的精密轴承的装配，如图 2-14 所示。

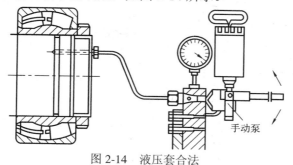

手动泵

图 2-14　液压套合法

齿轮泵测绘

四、拓展知识

齿　轮　泵

齿轮泵是各种机械润滑和液压系统的输油装置，是用来给润滑系统提供压力油的，主要用于低压或噪声水平限制不严的场合。齿轮泵一般由一对齿数相同的齿轮、传动轴、轴承、端盖和壳体组成。如图 2-15 所示，当主动齿轮逆时针转动，从动齿轮顺时针转动时，齿轮啮合区右边的压力降低，油池中的油在大气压力作用下，从进油口进入泵腔内；随着齿轮的转动，齿槽中的油不断沿箭头方向被轮齿带到左边，高压油从出油口送到输油系统。图 2-15 为齿轮泵轴测图；图 2-16 为齿轮泵装配图；图 2-17 为齿轮泵示意图。

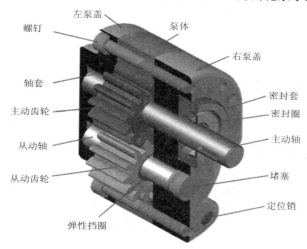

图 2-15　齿轮泵轴测图

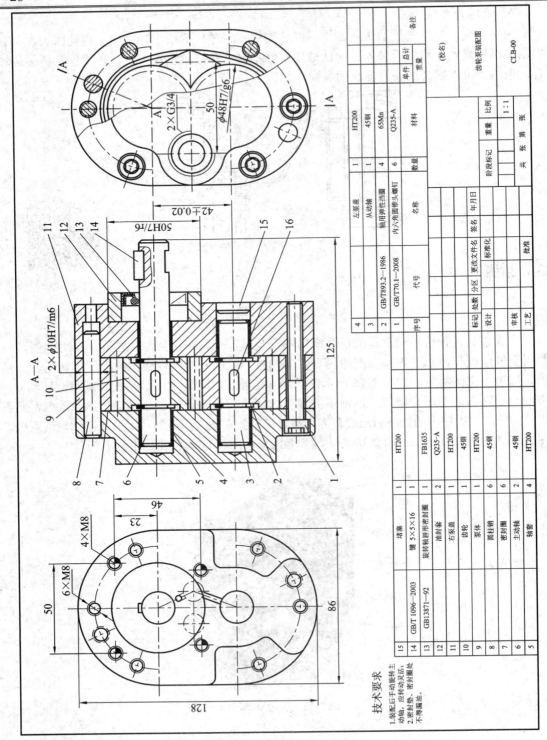

15	GB/T 1096—2003		堵塞	1		备注
14			键 5×5×16	1	HT200	
13	GB13871—92		旋转轴唇形密封圈	1	FB1635	
12			油封套	2	Q235-A	
11			右泵盖	1	HT200	
10			齿轮	1	45钢	
9			泵体	1	HT200	
8			圆柱销	6	45钢	
7			密封圈	6		
6			主动轴	2	45钢	
5			轴套	4	HT200	
4			左泵盖	1	HT200	
3			从动轴	1	45钢	
2	GB/T893.2—1986		轴用弹性挡圈	4	65Mn	
1	GB/T70.1—2008		内六角圆锥头螺钉	6	Q235-A	
序号	代号		名称	数量	材料	备注

				单件	总计	
					重量	(校名)
标记	处数	分区	更改文件名	签名	年月日	齿轮泵装配图
设计			标准化		阶段标记	重量	比例
审核							1:1
工艺			批准		共　张　第　张	CLB-00

技术要求

1.装配后手动旋转主
动轴，应转动灵活；
2.密封垫、密封圈处
不得漏油。

图 2-16　齿轮泵装配图

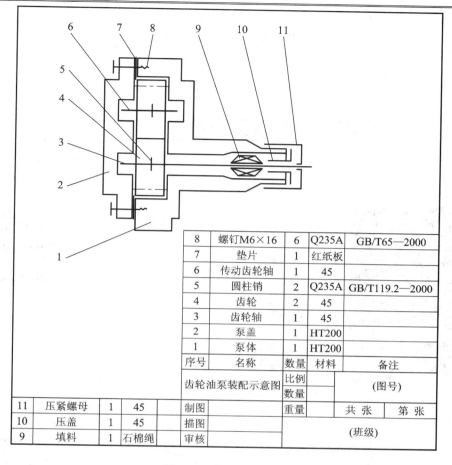

8	螺钉M6×16	6	Q235A	GB/T65—2000
7	垫片	1	红纸板	
6	传动齿轮轴	1	45	
5	圆柱销	2	Q235A	GB/T119.2—2000
4	齿轮	2	45	
3	齿轮轴	1	45	
2	泵盖	1	HT200	
1	泵体	1	HT200	
序号	名称	数量	材料	备注

齿轮油泵装配示意图			比例		(图号)	
			数量			
11	压紧螺母	1	45	制图	重量	共 张 第 张
10	压盖	1	45	描图		(班级)
9	填料	1	石棉绳	审核		

图 2-17　齿轮泵示意图

任务二　认识常用测量工具

一、任务导入

测量是利用合适的工具，确定某个给定对象在某个给定属性上的量的程序或过程。在机械工程里面，测量指将被测量与具有计量单位的标准量在数值上进行比较，从而确定二者比值的实验认识过程。学会常用量具的读数方法，准确熟练使用常用量具进行零件测量，是机械零件测绘的基础。

二、相关知识

1. 常用测量器具

在测绘图上，必须完备地记录零件的尺寸、所用材料、加工面的粗糙度、精度以及其他必要的资料。一般测绘图上的尺寸，都是用量具在零部件的各个表面上测量出来。因此，我们必须熟悉量具的种类和用途。表 2-6 为常用测量器具的介绍。

表 2-6　常用测量器具

名称	图　例	功　用
钢直尺		钢直尺是常用量具中最简单的一种量具，可用来测量工件的长度、宽度、高度和深度等。钢直尺规格有 150 mm、300 mm、500 mm 和 1000 mm 四种
游标卡尺	 609 (a) 高度游标尺寸　(b) 深度游标卡尺	 游标卡尺的使用 　游标卡尺是一种中等精密度的量具，可以直接测量出工件的外径、孔径、长度、宽度、深度和孔距等尺寸
千分尺	 (a) 外径千分尺　　(b) 电子数显外径千分尺 (c) 内测千分尺　　　(d) 深度千分尺	 千分尺的使用 　千分尺是一种精密量具，它的精度比游标卡尺高，而且比较灵敏。因此，千分尺一般用来测量精度要求较高的尺寸
百分表		百分表可用来检验机床精度和测量工件的尺寸、形状及位置误差等

名称	图 例	功 用
万能游标量角器		万能游标量角器又称角度尺,是用来测量工件内外角度的量具。按游标的测量精度不同,可将其分为 2′和 5′两种,其示值误差分别为±2′和±5′,测量范围是00～3200
量块		量块是机械制造业中长度尺寸的标准。量块可对量具和量仪进行校正检验,也可以用于精密划线和精密机床的调整。量块与有关附件并用时,可以用于测量某些精度要求高的尺寸
塞尺		塞尺(又叫厚薄规或间隙片)是用来检验两个结合面之间间隙大小的片状量规
螺纹牙型规		牙型规一般在生产中使用,一组牙规包括了常用的牙型,牙规与牙型吻合就可确认未知螺纹的牙距
900角尺		常用的 900 角尺有刀口形角尺和宽座角尺等,可用来检验零部件的垂直度及用作划线的辅助工具

名称	图　例	功　用
卡钳	内卡钳　　　　　　外卡钳	内外卡钳是测量长度的工具。外卡钳用于测量圆柱体的外径或物体的长度等；内卡钳用于测量圆柱孔的内径或槽宽等
刀口形直尺		刀口形直尺主要用于检验工件的直线度和平面度误差

2. 测量技术基础

1) 测量线性尺寸

一般可用直尺或游标卡尺直接量得尺寸的大小，如图 2-18 所示。

常用测量方法

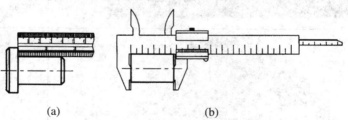

(a)　　　　　　　　　　(b)

图 2-18　测量线性尺寸

2) 测量直径尺寸

一般可用游标卡尺或千分尺测量直径尺寸，如图 2-19 所示。

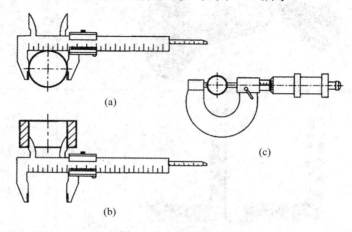

(a)

(c)

(b)

图 2-19　测量直径尺寸

在测量阶梯孔的直径时，会遇到外面孔小、里面孔大的情况，用游标卡尺就无法测量大孔的直径。这时，可用内卡钳测量，如图 2-20(a)所示；也可用特殊量具(内外同值卡)，如图 2-20(b)所示。

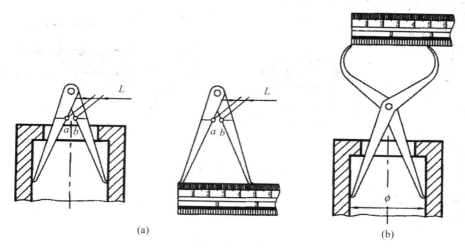

(a)   (b)

图 2-20　测量阶梯孔的直径

3) 测量壁厚

一般可用直尺测量壁厚，如图 2-21(a)所示。若孔径较小时，可用带测量深度的游标卡尺测量，如图 2-21(b)所示。有时也会遇到用直尺或游标卡尺都无法测量的壁厚。这时，则需用卡钳来测量，如图 2-21(c)和图 2-21(d)所示。

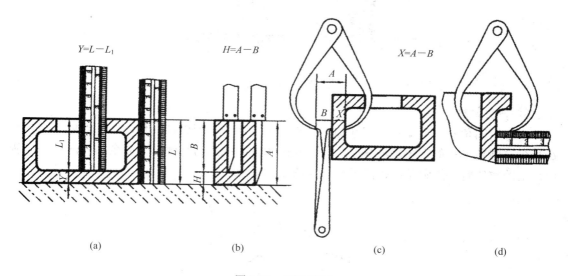

(a)   (b)   (c)   (d)

图 2-21　测量壁厚

4) 测量孔间距

可用游标卡尺、卡钳或直尺测量孔间距，如图 2-22 所示。

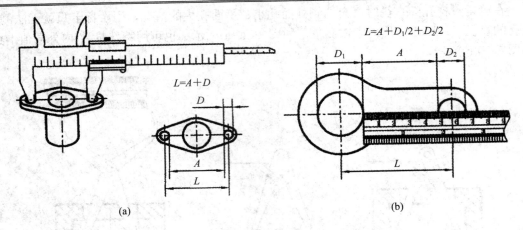

(a)　　　　　　　　　　　　　　　(b)

图 2-22　测量孔间距

5) 测量中心高

一般可用直尺、卡钳或游标卡尺测量中心高，如图 2-23 所示。

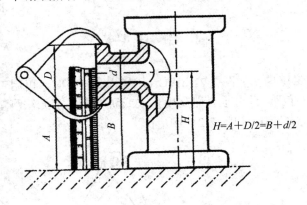

$$H = A + D/2 = B + d/2$$

图 2-23　测量中心高

6) 测量圆角

一般用圆角规测量圆角。每套圆角规有很多片，一半测量外圆角，一半测量内圆角，每片刻有圆角半径的大小。测量时，只要在圆角规中找到与被测部分完全吻合的一片，从该片上的数值就可知圆角半径的大小，如图 2-24 所示。

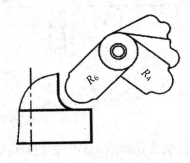

图 2-24　测量圆角

7) 测量角度

可用量角规测量角度,如图 2-25 所示。

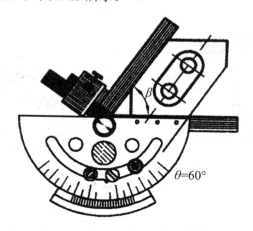

图 2-25　测量角度

8) 测量曲线或曲面

曲线和曲面要求测量很准确时,必须用专门的测量仪进行测量。要求不太准确时,常采用下面三种方法进行测量:

(1) 拓印法。对于柱面部分的曲率半径的测量,可用纸拓印其轮廓,得到如实的平面曲线,然后判定该曲线的圆弧连接情况,测量其半径,如图 2-26(a)所示。

(2) 铅丝法。对于曲线回转面零件的母线曲率半径的测量,可用铅丝弯成实形后,得到如实的平面曲线,然后判定曲线的圆弧连接情况,再用中垂线法求得各段圆弧的中心,测量其半径,如图 2-26(b)所示。

(3) 坐标法。一般的曲面可用直尺和三角板定出曲面上各点的坐标,在图上画出曲线,或求出曲率半径,如图 2-26(c)所示。

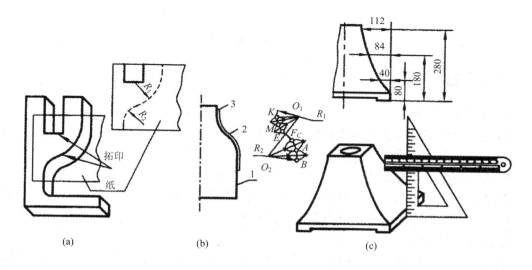

图 2-26　测量曲线和曲面

9) 测量螺纹螺距

螺纹的螺距可用螺纹规或直尺测得。在图 2-27 中，螺距 $P = 1.5$。

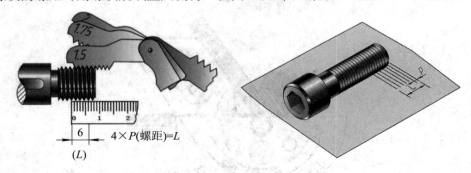

4×*P*(螺距)=*L*

(*L*)

图 2-27　测量螺距

10) 测量齿轮

对标准齿轮，其轮齿的模数可以先用游标卡尺测得 d_a，再计算得到模数 $m = d_a/(z+2)$，奇数齿的顶圆直径 $d_a = 2e + d$，如图 2-28 所示。

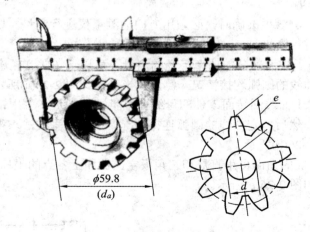

$\phi59.8$

(*d$_a$*)

图 2-28　测量标准齿轮

三、任务实施

1. 拟定拆卸方案

(1) 各小组讨论、研究并拟定初步的测量方案。

(2) 合理选择测量器具。

2. 规范测量，记录数据

明确测量操作目标，动手进行规范测量，记录数据。测量过程一定要做到安全文明操作，要有质量和成本意识，并遵守 6S 现场管理规定。

3. 测量注意事项

(1) 测量零件尺寸时，要正确地选择基准面。基准面确定后，所有要测量的尺寸均以此为准进行测量，尽量避免尺寸的换算，减少错误。对于零件长度尺寸链的尺寸测量，也要考虑装配关系，尽量避免分段测量。分段测量的尺寸只能作为核对尺寸的参考。

(2) 测量磨损零件时，对于测量位置的选择要特别注意，尽可能地选择在未磨损或磨损较少的部位进行测量。如果整个配合表面均已磨损，在草图上应加注明。

(3) 测绘零件的某一尺寸时，必须同时也要测量配合零件的相应尺寸，尤其是在只更换一个零件时更应如此。这样，一则可以校对测量尺寸是否正确，减少错误；二则亦可作为决定修理尺寸的根据。

(4) 测量孔径时，采用 4 点测量法，即在零件孔的两端各测量两处。

(5) 测量轴的外径时，要选择适当部位进行，以便判断零件的形状误差，对于转动部分更应注意。

(6) 测量曲轴及偏心轴时，要注意其偏心方向和偏心距离。轴类零件的键槽要注意其圆周方向的位置。

(7) 测量零件的锥度或斜度时，首先要看它是否是标准锥度或斜度。如果不是标准的，要仔细测量，并分析其原因。

(8) 齿轮尽可能要成对测量。对于变位齿轮及斜齿轮必须测量中心距，对于斜齿轮还要测量螺旋角并注意螺旋方向，对于滑移齿轮应注意其倒角的位置。

4. 测量减速器零件

选用合适的测量器具和方法测量减速器零件(见表 2-7)，并完整记录零件数据。

表 2-7　减 速 器 零 件

零件名称	零件轴测图	零件结构图
减速器箱盖	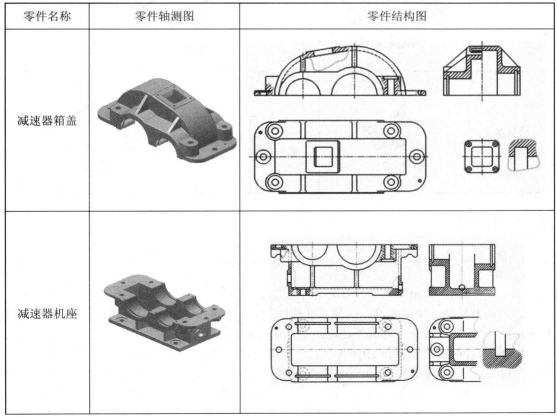	
减速器机座		

零件名称	零件轴测图	零件结构图
齿轮轴	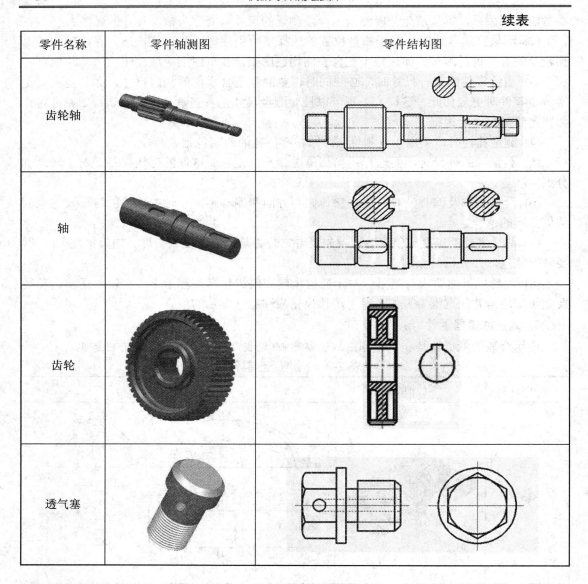	
轴		
齿轮		
透气塞		

四、拓展知识

三坐标测量仪

三坐标测量仪(如图 2-29 所示)是一种具有可作三个方向移动的探测器，可在三个相互垂直的导轨上移动，此探测器以接触或非接触等方式传递讯号，三个轴的位移测量系统(如光栅尺)经数据处理器或计算机等计算出工件的各点$(x，y，z)$及各项功能。三坐标测量仪在三个相互垂直的方向上有导向机构、测长元件、数显装置，还有一个能够放置工件的工作台(大型和巨型不一定有)，测头可以以手动或机动方式轻快地移动到被测点上，由读数设备和数显装置把被测点的坐标值显示出来。这是最简单、最原始的测量机。有了这种测量机后，在测量容积里任意一点的坐标值都可通过读数装置和数显装置显示出来。测量机的采点发讯装置是测头，在沿 X，Y，Z 三个轴的方向装有光栅尺和读数头。其测量过程就是当测头接触工件并发出采点信号时，由控制系统去采集当前机床三轴坐标相对于机床原点的坐标值，再由计算机系统对数据进行处理。三坐标测量仪的测量功能包括尺寸精度测量、定位精度测量、几何精度测量及轮廓精度测量等。

图 2-29 三坐标测量仪

项目三　减速器从动轴测绘

一、任务导入

如图 3-1 所示的零件为一级圆柱齿轮减速器中的从动轴。通过熟悉该零件的结构，测绘出该轴的草图和零件图。

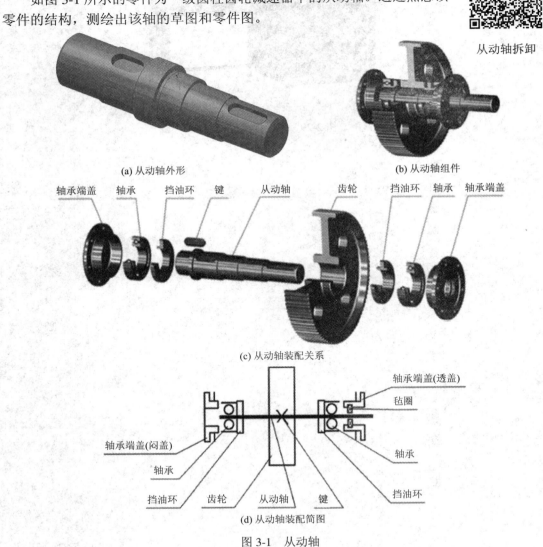

从动轴拆卸

(a) 从动轴外形

(b) 从动轴组件

轴承端盖　轴承　挡油环　键　　从动轴　　齿轮　挡油环　轴承　轴承端盖

(c) 从动轴装配关系

轴承端盖(透盖)

毡圈

轴承端盖(闷盖)

轴承

轴承

挡油环

挡油环　　齿轮　　从动轴　　键

(d) 从动轴装配简图

图 3-1　从动轴

二、相关知识

零件草图的绘制一般是在测绘现场进行的。因绘图的条件不如办公室方便，特别是面对被测件，在没有尺寸的情况下进行画图工作，所以绝大多数是绘制草图。

1. 草图纸与图线的画法

为了加快绘制草图的速度，提高图面质量，最好利用特制的方格纸画图。方格纸上的线间距为 5 mm，用浅色印出，右下角印有标题栏，如图 3-2 所示。

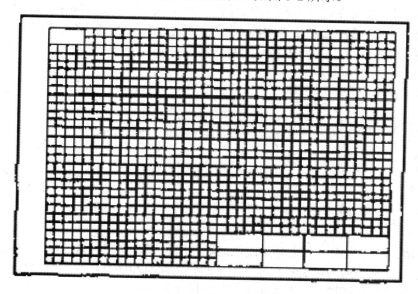

图 3-2　草图纸的形式

方格纸的幅面有 420 mm × 300 mm 和 600 mm × 420 mm 两种。如果需要再大的幅面时，可合并起来使用。如能充分利用方格纸上的图线绘制草图，不但画图的速度快而且效果也好。当无方格纸时，可在厚一些的白纸上绘制草图。

徒手绘图是一项重要的基本技能，要不断地实践才能逐步提高。各种图线的画法如下：

(1) 徒手画直线的手势如图 3-3 所示，运笔力求自然，眼睛应朝着前进方向，随时留意线段终点。画长线时，可用目测在直线中间定出几个点，然后分段画出。

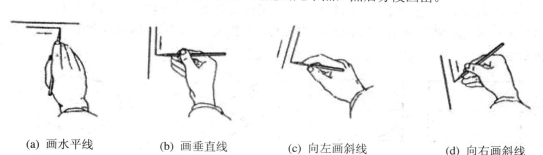

(a) 画水平线　　　　(b) 画垂直线　　　　(c) 向左画斜线　　　　(d) 向右画斜线

图 3-3　徒手画直线的手势

画与水平线成 30°、45° 和 60° 的斜线时，可利用两直角边的比例关系近似画出。如画 10° 和 15° 等角度线时，可先画出 30° 线后再等分求得，如图 3-4 所示。

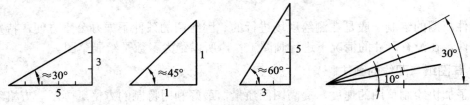

图 3-4　徒手画特殊角度

(2) 画圆时，先徒手作两条相互垂直的中心线，定出圆心，再根据直径大小，用目测估计半径的大小后，在中心线上截得四点，然后徒手将各点连接成圆。当所画的圆较大时，可过圆心多作几条直径，在上面找点后再连接成圆，如图 3-5 所示。

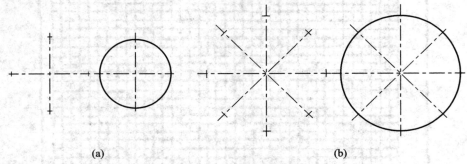

(a)　　　　　　　　　　　　　　　　　(b)

图 3-5　徒手画圆的方法

(3) 画圆角时，先用目测在分角线上选取圆心位置，使它与角的两边的距离等于圆角的半径大小。过圆心向两边引垂直线，定出圆弧的起点和终点，并在分角线上也定出一圆周点，然后徒手作圆弧把这三点连接起来，如图 3-6 所示。

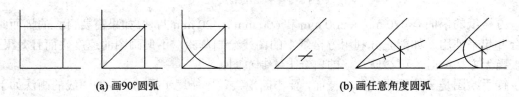

(a) 画90°圆弧　　　　　　　　　　　　(b) 画任意角度圆弧

图 3-6　画圆角的方法

(4) 画椭圆时，先画出椭圆的长短轴，并用目测定出其端点位置，过这四点画一矩形，再与矩形相切画椭圆，如图 3-7(a) 所示；也可利用外接菱形画四段圆弧构成椭圆，如图 3-7(b) 所示。

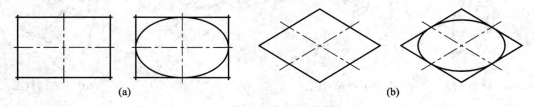

(a)　　　　　　　　　　　　　　　　　(b)

图 3-7　画椭圆的方法

2. 画测绘图的步骤

1) 画测绘图前的准备工作

① 准备作底线和描粗线用的铅笔、图纸、橡皮、小刀以及所需的量具。

② 了解零件的名称、用途以及它在装配体上的装配关系和运转关系，确定零件的材料和它的制造方法。

③ 对零件进行结构分析。明确零件的构造，分析它是由哪些几何体所组成的并分清它们的功用。这对破损和带有某些缺陷的零件的测绘尤为重要。在分析的基础上把它改正过来，这样才能完整、清晰、简便地表达出它们的形状，并且完整、正确、清晰、合理地标注出尺寸。

④ 对零件进行工艺分析。因为同一零件可以按不同的工序制造，故其结构形状的表达、基准的选择和尺寸的标注也有所不同。

⑤ 确定零件的主视图、所需视图的数量，并定出各视图的表示方法。

主视图必须根据零件(特别是轴类零件)的特征，按工作位置或加工位置来选定。在能充分表达零件形状为原则的前提下，视图的数量愈少愈好。

2) 画测绘图的具体步骤

① 选择图纸，定比例。安排好各视图和标题栏在图纸上的位置以后，细实线打出方框，作为每一视图的界线，保持最大尺寸的大致比例；视图与视图之间必须留出足够的间距，以便标注尺寸。

② 用细的点划线绘出轴线和中心线。

③ 用细实线画出零件上的轮廓线，并画出剖视、剖面和细节部分(如圆角、小孔、退刀槽、剖面线和虚线等)。各视图上的投影线应该彼此对应着画，以免漏掉零件上某些部分在其他视图上的图形。

④ 校核后，用 B 或 2B 铅笔把可见轮廓线描深。

⑤ 定出标注尺寸用的基准和表面粗糙度符号。

⑥ 当所有必要的尺寸线都画出以后，就可以测量零件，在尺寸线上注出量得的尺寸数字，注明倒角的尺寸、斜角的大小、锥度、螺纹的标记等。

⑦ 填写标题栏，在其中注明零件的名称、材料、数量和技术要求。

3. 画零件测绘图时必须注意的事项

(1) 零件的制造缺陷，如砂眼、气孔、刀痕等，以及长期使用所造成的碰伤或磨损及加工错误的地方都不应画出。

(2) 零件上因制造、装配的需要而形成的工艺结构，如铸造圆角、倒角、倒圆、退刀槽、越程槽、凸台、凹坑等，都必须画出，不能忽略。

(3) 有配合关系的尺寸，一般只要测出它的基本尺寸，其配合性质和相应的公差值应在分析考虑后，再查阅有关手册确定。

(4) 允许将测量所得的没有配合关系的尺寸或不重要的尺寸作适当圆整(调整到整数值)。

(5) 对于螺纹、键槽、齿轮的轮齿等，应该把测量的结果与标准值核对，采用标准结构尺寸，以利制造。

(6) 凡是经过切削加工的铸、锻件，应注出非标准拔模斜度与表面相交处的角度。

(7) 零、部件的直径、长度、锥度、倒角等尺寸都有标准规定，实测后应根据国家标准选用最接近的标准数值。

(8) 测绘装配体的零件时，在未拆装配体之前，先要弄清它的名称、用途、材料、构造等基本情况。

(9) 测量加工面的尺寸一定要使用较精密的量具。

4. 尺寸的圆整和协调

1) 尺寸的圆整

按实物测量出来的尺寸往往不是整数，所以应对所测量出来的尺寸进行处理、圆整。尺寸圆整后，可简化计算使图形清晰，更重要的是可以采用更多的标准刀量具，缩短加工周期，提高生产效率。

基本原则：逢 4 舍，逢 6 进，遇 5 保证偶数。

例如：41.456——41.4；13.75——13.8；13.85——13.8。

查阅附录，数系中的尾数多为 0、2、5、8 及某些偶数值。

(1) 轴向主要尺寸(功能尺寸)的圆整。可根据实测尺寸和概率论理论，考虑到零件制造误差是由系统误差与随机误差造成的，其概率分布应符合正态分布曲线，故假定零件的实际尺寸应位于零件公差带中部，即当尺寸只有一个实测值时，就可将其当成公差中值，尽量将基本尺寸按国标圆整成为整数，并同时保证所给公差等级在 IT9 级以内。公差值可以采用单向公差或双向公差，最好为后者。

例如：现有一个实测值为非圆结构尺寸 19.98，请确定基本尺寸和公差等级。查阅附录，20 与实测值接近。根据保证所给公差等级在 IT9 级以内的要求，初步定为 20IT9，查阅公差表，知公差为 0.052。根据非圆的长度尺寸，公差一般处理为：孔按 H，轴按 h，一般长度按 js(对称公差带)。

取基本偏差代号为 js，公差等级取为 9 级，则此时的上下偏差为

es= +0.026　　ei=−0.026

实测尺寸 19.98 的位置基本符合要求。

(2) 配合尺寸的圆整。配合尺寸属于零件上的功能尺寸，确定是否合适，直接影响产品性能和装配精度，要做好以下工作：

- 确定轴孔基本尺寸(方法同轴向主要尺寸的圆整)。
- 确定配合性质(根据拆卸时零件之间松紧程度，可初步判断出是有间隙的配合还是有过盈的配合)。
- 确定基准制(一般取基孔制，但也要看零件的作用来决定)。
- 确定公差等级(在满足使用要求的前提下，尽量选择较低等级)。

在确定好配合性质后，还应具体确定选用的配合，附录 5、附录 6 可参照进行粗选。

例如：现有一个实测值为 ϕ19.98，请确定基本尺寸和公差等级。查阅附录，ϕ20 与实

测值接近。根据保证所给公差等级在 IT9 级以内的要求，初步定为 $\phi20$ IT9，查阅公差表，知公差为 0.052。若取基本偏差为 f，则极限偏差为(轴的基本偏差见附录 3，轴的极限偏差见附录 4)

　　　　es = −0.020　　ei = −0.072

　　　　此时，$\phi19.98$ 不是公差中值，需要作调整。

　　　　选为 $\phi20h9$，其 es = 0　　ei = −0.052

　　　　此时，$\phi19.98$ 基本为公差中值。再根据零件该位置的作用校对一下，即可确定下来。

　　　　(3) 一般尺寸的圆整。一般尺寸为未注公差的尺寸，公差值可按国标未注公差规定或由企业统一规定。圆整这类尺寸，一般不保留小数，圆整后的基本尺寸要符合国标规定。

　　　　2) 尺寸的协调

　　　　在零件图上标注尺寸时，必须注意把装配在一起的有关零件的测绘结果加以比较，并确定其基本尺寸和公差，不仅相关尺寸的数值要相互协调，而且在尺寸的标注形式上也必须采用相同的标注方法。

5. 测绘图上的尺寸标注

　　　　测绘图上的尺寸要按机械制图国家标准规定的一般规则来标注，必须完整、清晰，以利于以后画零件图和装配图的工作。标注尺寸的注意事项可归纳成以下几点：

　　　　(1) 两边相等的尺寸一般可不画出。假如两个相邻尺寸的间距很狭小，可以在尺寸界线上画一小圆点；在连续尺寸很多的场合，也可以在尺寸线和尺寸界线相交的地方画一短线，以代替两个相接的箭头。测绘图上的比例尺是估计出来的，不可能很准确，但各部分的比例尺要尽量做到对称。

　　　　(2) 尺寸应按照零件加工顺序来标注。因为图上尺寸会直接影响加工的顺序和工作时间，所以当画任何一个零件的时候，首先要决定基准部分的位置，也就是测量的尺寸要按照零件的加工顺序来量，标注尺寸就照测量的先后来注。

　　　　(3) 应该考虑到所注尺寸是否符合零件加工的工艺要求。

　　　　(4) 两个零件互相连接和配合的共同尺寸，其位置和数值必须一致，以免加工出来的零件装配不上。

　　　　(5) 测绘图上所标注的公差尺寸必须与所指表面的表面粗糙度相适应。例如，某工件加工的基本尺寸是 50 mm，要求 2 级精度，压入配合，尺寸允许偏差是 0.008 mm，这个工件的最后加工工序是粗磨，表面粗糙度就应当标注 $Ra6.3$。

　　　　(6) 零件的尺寸偏差应该根据车间的机械设备和技术水平来标注。同时，零件表面的精度要根据零件本身的要求，即它在装配体中的作用来标注，否则所作的测绘图不切实际，也不经济。

6. 轴的结构工艺性

　　　　轴上常见工艺结构有键槽、中心孔、倒角、倒圆、螺纹退刀槽、砂轮越程槽以及锥度。

　　　　1) 中心孔

　　　　中心孔是轴类工件加工时使用顶尖安装的定位基面，通常作为工艺基准。零件加工中相关工序全部用中心孔定位安装，以达到基准统一，保证各个加工面之间的位置精度(如同轴度)。中心孔的规定表示法见表 3-1。

表 3-1　中心孔的规定表示法(摘自 GB/T 4459.5—1999)

要　　求	表示法示例	说　　明
在完工的零件上 要求保留中心孔	GB/T 4459.5—B2.5/8	采用 B 型中心孔 $D = 2.5$ mm，$D_1 = 8$ mm
在完工的零件上 可以保留中心孔	GB/T 4459.5—A4/8.5	采用 A 型中心孔 $D = 4$ mm，$D_1 = 8.5$ mm
在完工的零件上 不允许保留中心孔	GB/T 4459.5—A1.6/3.35	采用 A 型中心孔 $D = 1.6$ mm，$D_1 = 3.35$ mm

2) 倒角

轴和孔的端部等处应加工倒角，以去除切削零件时产生的毛刺、锐边，使操作安全，保护装配面便于装配。倒角结构及其标注如图 3-8 所示。

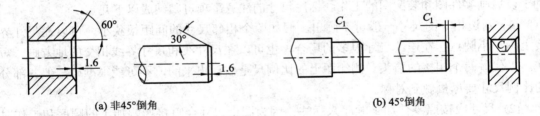

(a) 非45°倒角　　　　　　　　　　　　　(b) 45°倒角

图 3-8　倒角结构及其标注

3) 倒圆

在零件的台肩等转折处应加工倒圆(圆角)，以避免由于应力集中而产生裂纹。倒圆结构及其标注如图 3-9 所示。

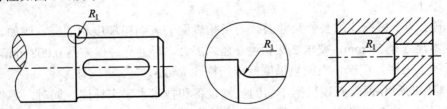

图 3-9　倒圆结构及其标注

4) 螺纹退刀槽和砂轮越程槽

为了在切削螺纹时不致使车刀损坏并容易退出刀具，常在加工表面的台肩处预先加工出退刀槽，如图 3-10(a)所示。为了在磨削加工时保证内外圆及端面的要求，常在加工表面的台肩处预先加工出砂轮越程槽，其结构尺寸可查阅 GB/T 6403.5—2008，如图 3-10(b)所示。

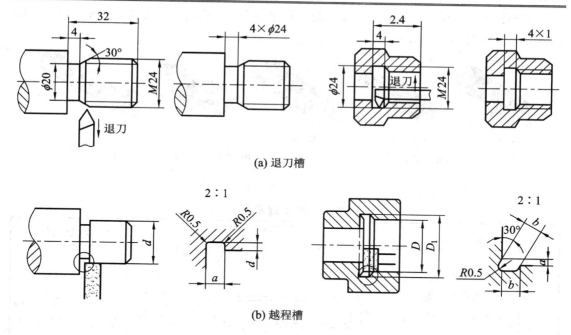

(a) 退刀槽

(b) 越程槽

图 3-10　螺纹退刀槽和砂轮越程槽

螺纹退刀槽和砂轮越程槽的标注如图 3-11 所示。

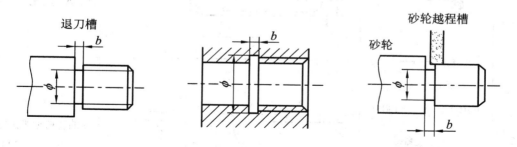

图 3-11　螺纹退刀槽和砂轮越程槽的标注

5) 键和键槽

键常用来连接轴及轴上零件，为了使轮和轴连接在一起转动，轮上也要开键槽，将键嵌入键槽内，如图 3-12 所示。

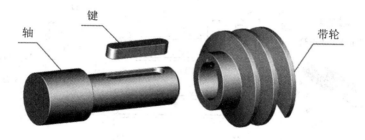

图 3-12　键和键槽

　　键是标准件。常用的键有普通型平键、普通型半圆键和钩头型楔键等多种，如图 3-13 所示。常用键及其标记见表 3-2。

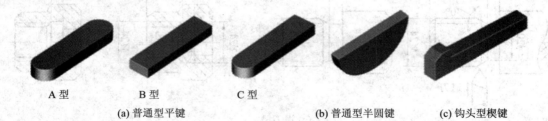

<table>
<tr><td>A 型</td><td>B 型</td><td>C 型</td></tr>
<tr><td colspan="3">(a) 普通型平键</td><td>(b) 普通型半圆键</td><td>(c) 钩头型楔键</td></tr>
</table>

图 3-13　常用键

表 3-2　常用键及其标记

序号	名称(标准号)	图　例	标记示例及形式
1	普通型平键 (GB/T 1096—2003)		$b = 8$、$h = 7$、$L = 25$ 的普通型平键(A 型)： CB/T 1096—2003 键 8×7×25 注：A 型不标注 "A"
2	普通型半圆键 (GB/T 1099.1—2003)		$b = 6$、$h = 10$、$D = 25$ 的普通型半圆键： CB/T 1099.1—2003 键 6×10×25
3	钩头型楔键 (GB/T 1565—2003)		$b = 18$、$h = 11$、$L = 100$ 的钩头型楔键： CB/T 1565—2003 键 18×11×100

键槽的画法和尺寸标注如图 3-14 所示。

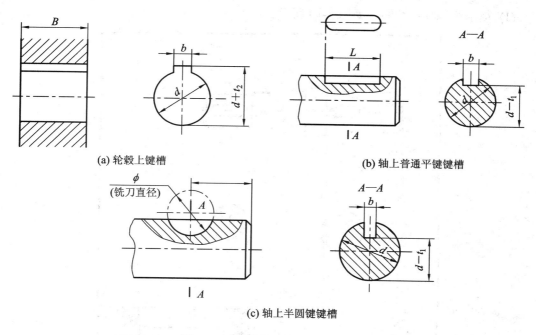

(a) 轮毂上键槽　　　　　　　　　　　　　　　　　(b) 轴上普通平键键槽

(c) 轴上半圆键键槽

图 3-14　键槽的画法和尺寸标注

三、任务实施

1. 结构分析

轴类零件是机器中经常遇到的典型零件之一。它在机械中主要用于支承齿轮、带轮、凸轮以及连杆等传动件，以传递扭矩。该从动轴由直径不同的同轴线回转体组成。其阶梯结构主要用于轴向定位和安装滚动轴承，轴上的键槽用于安装普通平键，用来传递运动和扭矩。为了避免因直径的变化所产生应力集中而造成裂纹、断裂，设计了工艺结构，即圆角、轴的两端加工出倒角。

2. 结构表达

1) 主视图选择

通常按加工位置，将轴套类零件的轴线水平放置(使轴线为侧垂线)时作为主视图投射方向。一般也使轴的大端在左侧、小端在右侧，键槽、孔的形状朝前。对于个别内部结构，可以用局部剖视表达；而空心轴或套，根据具体情况，可用全剖视、半剖视或局部剖视表达。

2) 其他视图选择

由于轴套类零件的主要结构形状为回转体，在主视图上注出相应的直径符号"ϕ"，即可表示清楚形状特征，所以不必再选择其他基本视图，结构复杂的轴套例外。但是，对于基本视图尚未表达清楚的局部结构，如键槽、退刀槽、孔等结构，须用断面图、局部视图或局部放大图来补充表达。

3. 绘制零件草图

(1) 徒手绘制零件草图，如图 3-15 所示。

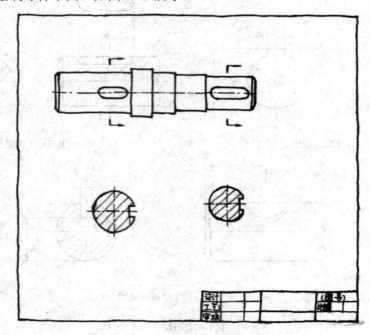

图 3-15　徒手绘制零件草图

(2) 绘制尺寸界线和尺寸线，如图 3-16 所示。

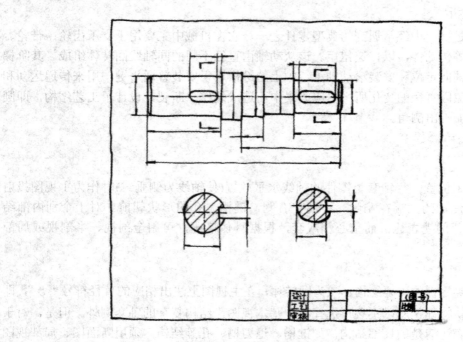

图 3-16　绘制尺寸界线和尺寸线

(3) 集中标注尺寸，如图 3-17 所示。

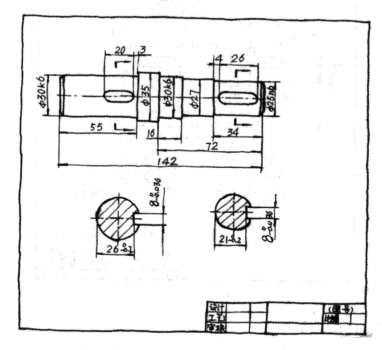

图 3-17　集中标注尺寸

(4) 标注技术要求，如图 3-18 所示。

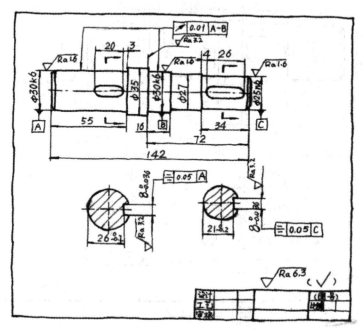

图 3-18　标注技术要求

(5) 填写标题栏，如图 3-19 所示。

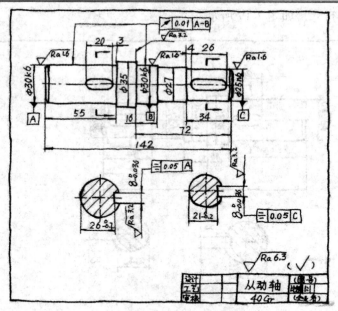

图 3-19　填写标题栏

四、绘制零件图

通过手工或计算机辅助绘图画出零件图，如图 3-20 所示。

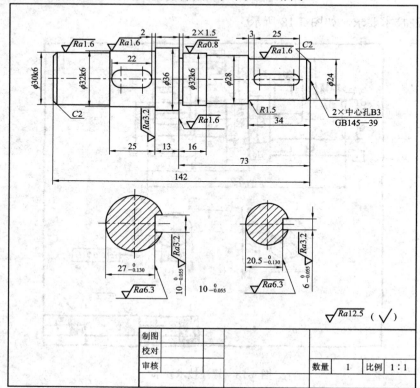

图 3-20　零件图绘制

五、拓展知识

CAD 绘制零件图步骤

1. 样板制作

在绘制零件图之前，应根据图纸幅面大小和版式不同，分别建立符合机械制图国家标准的若干机械图样模板。模板中包括图纸幅面、图层、使用文字的一般样式、尺寸标注的一般样式等。这样在绘制零件图时，就可以直接调用建立好的模板进行绘图，有利于提高绘图效率。

下面以 A4 幅面的模板为例，介绍模板的制作方法。

1) 设置绘图界限、绘图单位

用户在使用 AutoCAD 绘图时，系统对绘图范围没有作任何设置，绘图区是一幅无穷大的图纸，而用户绘制的图形大小是有限的，为了便于绘图工作，需要设置绘图界限，即设置绘图的有效范围和图纸的边界。

设置绘图界限的操作步骤如下：

(1) 选择菜单"格式"→"图形界限"选项，启动图形界限命令。

(2) 命令：limits

(3) 重新设置模型空间界限：

指定左下角点或 [开(ON)、OFF)] <0.0000，0.0000>：↘。

指定右上角点 <297.0000，210.0000>：↘。

(4) 点击"视图-缩放-全部缩放格式"(也有相对应的快捷工具栏)。

2) 设置图层

创建新图层，进行图层颜色、线型、线宽的设置，如图 3-21 所示。

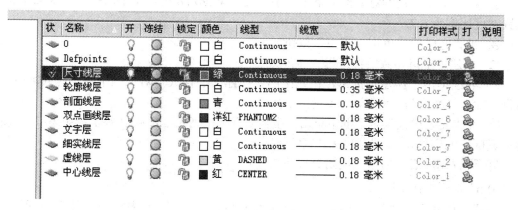

状	名称	开	冻结	锁定	颜色	线型	线宽	打印样式	打	说明
	0				□白	Continuous	——默认	Color_7		
	Defpoints				□白	Continuous	——默认	Color_7		
	尺寸线层				□绿	Continuous	——0.18 毫米	Color_3		
	轮廓线层				□白	Continuous	——0.35 毫米	Color_7		
	剖面线层				■青	Continuous	——0.18 毫米	Color_4		
	双点画线层				■洋红	PHANTOM2	——0.18 毫米	Color_6		
	文字层				□白	Continuous	——0.18 毫米	Color_7		
	细实线层				□白	Continuous	——0.18 毫米	Color_7		
	虚线层				□黄	DASHED	——0.18 毫米	Color_2		
	中心线层				■红	CENTER	——0.18 毫米	Color_1		

图 3-21 图层特性管理器

3) 设置线型比例

线型比例根据图形大小设置，设置线型比例可以调整虚线、点画线等线型的疏密程度。

当图幅较小时(A3、A4)，可将线型比例设为 0.3～0.5；图幅较大时，(A0)线型比例可设为10～25。

　　• 格式−线型

命令：ltscale(或 lts)

　　　输入新线型比例因子<1.0000>： 0.4↘。

　　4) 设置文字样式

　　(1) 创建"汉字样式"。

　　① 选择"格式"→"文字样式"，弹出如图 3-22 所示的"文字样式"对话框。

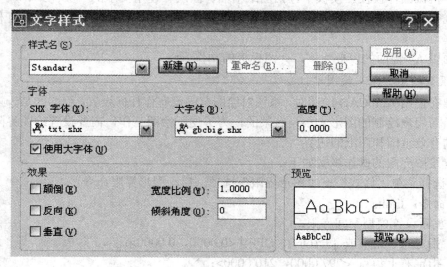

图 3-22　"文字样式"对话框

　　② 单击"新建"按钮，在弹出的"新建文字样式"对话框中的"样式名(S)"编辑框中输入"汉字"，然后单击"确定"按钮。

　　③ 在"文字样式"对话框中单击"字体名"下拉列表框，从中选择"仿宋-GB2312"，设置宽度比例为 0.7。

　　④ 设置完成后，单击"应用"按钮。

　　(2) 创建"字母与数字样式"。

　　① 继续单击"新建"按钮，在弹出的"新建文字样式"对话框中的"样式名(S)"编辑框中输入"数字"，然后单击"确定"按钮。

　　② 在"文字样式"对话框中单击"字体名"下拉列表框，从中选择"isocp.shx"(或其他接近国标的字体)，倾斜角度为 15°。

　　③ 设置完成后，单击"关闭"按钮。

　　5) 设置尺寸标注样式

选择"格式"→"标注样式"，弹出如图 3-23 所示的"标注样式管理器"对话框。

点击"新建(N)..."按钮，分别设置线性、直径及半径尺寸，设置角度尺寸，设置用于引线标注的样式。下面仅以线性尺寸为例，各选项卡参数设置如图 3-24～图 3-29 所示，其余均为默认设置。

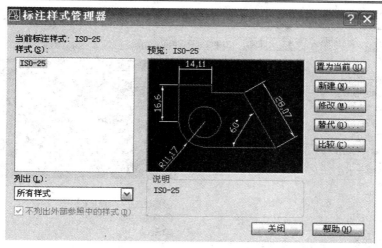

图 3-23　"标注样式管理器"对话框

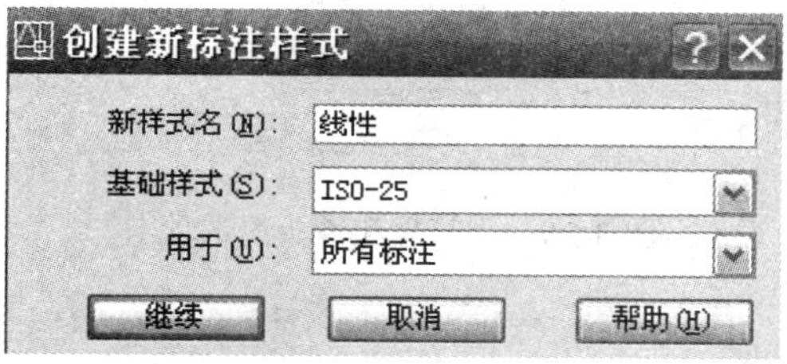

图 3-24　"创建新标注样式"对话框

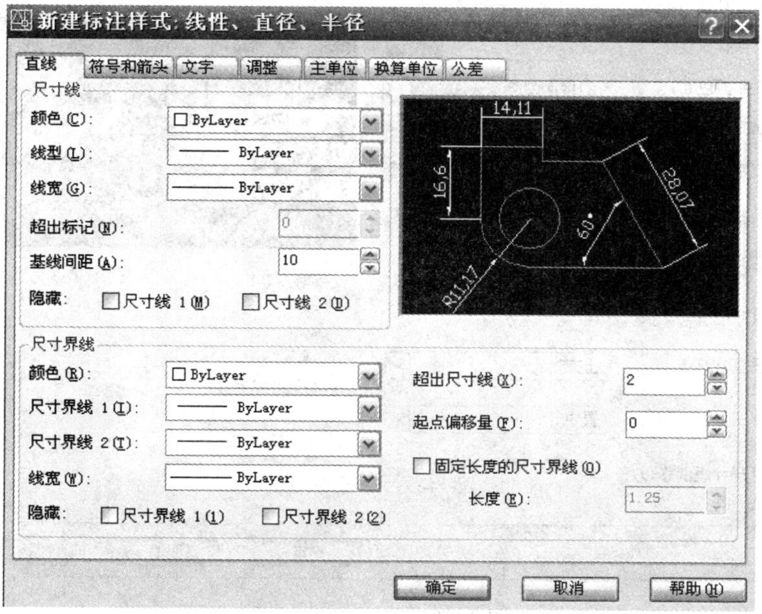

图 3-25　"直线"选项卡

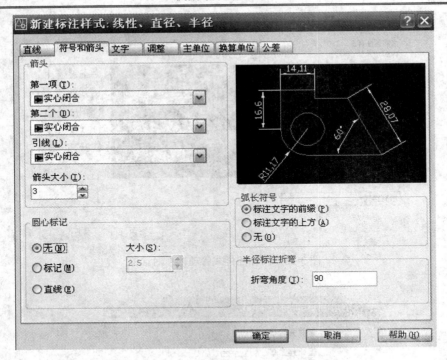

图 3-26 "符号和箭头"选项卡

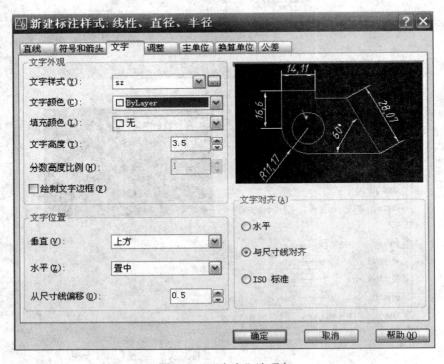

图 3-27 "文字"选项卡

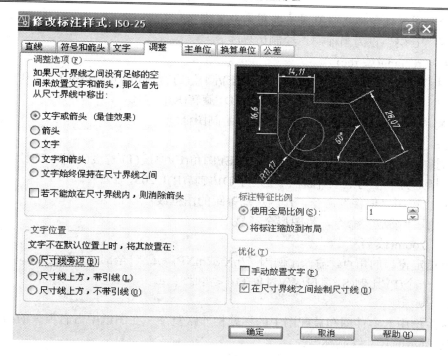

图 3-28　"调整"选项卡

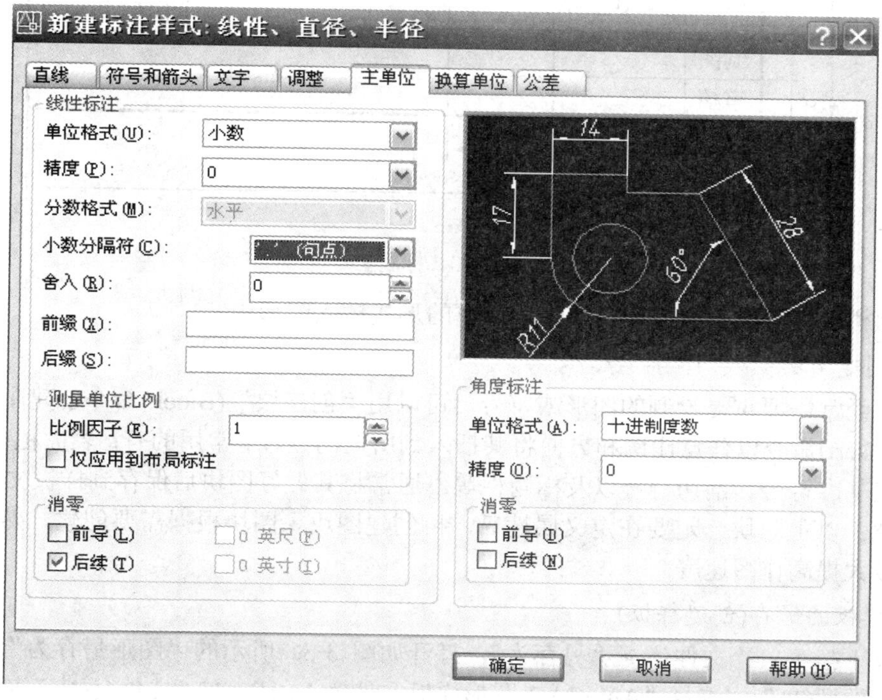

图 3-29　"主单位"选项卡

6) 绘制图框线和标题栏(0 层主要用来放置图块)

(1) 将"0 层"设为当前层，绘制边界线。

命令：_rectang(或 rec)

　　　指定第一个角点或 [倒角(C)/标高(E)/圆角(F)/厚度(T)/宽度(W)]：0，0↘。

　　　指定另一个角点或 [面积(A)/尺寸(D)/旋转(R)]：210，297↘。

(2) 将"粗实线"图层设置为当前层，绘制图框线。

命令：_rectang

　　　指定第一个角点或 [倒角(C)/标高(E)/圆角(F)/厚度(T)/宽度(W)]：25，5↘。

　　　指定另一个角点或 [面积(A)/尺寸(D)/旋转(R)]：205，292↘。

(注：也可用"偏移"命令，作四边均等距的图框线)。

(3) 使用"缩放"命令，将图形全部显示。

命令：zoom(或 z)

　　　指定窗口的角点，输入比例因子(nX 或 nXP)，或者[全部(A)/中心(C)/动态(D)/范围(E)/上一个(P)/比例(S)/窗口(W)/对象(O)] <实时>：e。

(4) 绘制标题栏。

实际生产中的零件图和装配图中的标题栏非常复杂，在图纸中占有很大的面积，建议按图 3-30 所示的尺寸绘制标题栏。

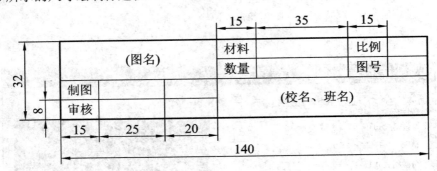

图 3-30　标题栏

标题栏也可做成图块，定义属性后以块的形式插入图形中。

7) 创建图块

对于经常需要重复绘制的图形或符号，可以用"创建块"(Block)命令创建图块，然后用插入(Insert)命令以任意比例和方向将其插入到所需的位置。常用的有：表面粗糙度符号、形位公差基准符号、剖切符号以及标题栏等。通常将其做好图块后保存到样板文件中。

注意：以上图块一定要在定义属性后，再创建图块。图块根据需要创建，熟练应用图块，可极大提高作图速度。

8) 模板的保存(创建样板)

选择下拉菜单"文件"→"另存为"，打开如图 3-31 所示的"图形另存为"对话框，在"文件类型(T)"中选择"AutoCAD 图形样板文件(*.dwt)"，在"文件名(N)"输入框中输入模板名称"A3 横放"，单击"保存(S)"按钮。

图 3-31　"图形另存为"对话框

在弹出的"样板说明"对话框中，输入对该模板图形的说明。这样，就建立了一个符合机械制图国家标准的 A3 图幅模板文件。使用时，只需在"启动"对话框中选择"使用样板"，然后从弹出的列表框中选择"A3 横放"即可。

对刚刚做好的"A3 横放"样板进行编辑，再以"另存为"的方式分别作"A3 竖放"、"A4 横放"、"A4 竖放"样板即可。

2. 视图

(1) 常用绘图和图形编辑命令，数据输入方法，快捷键的应用。

(2) 对象编辑。

① 夹点功能。

② 修改对象属性——对象特性。

③ 特性匹配。

3. 尺寸标注

尺寸标注命令(标注格式-调整-使用全局比例)如图 3-32 所示。

① 线性标注。

② 对齐标注。

③ 半径标注。

④ 直径标注。

⑤ 角度标注(注意：可在标注样式设置"子样式")如图 3-33 所示。

图 3-32　标注工具条

打开"标注样式管理器"对话框后，点击"新建"按钮，出现"创建新标注样式"对话框。

选择"角度标注"后,点击"继续"按钮,在"文字"标签下,将"文字对齐(A)"方式改为"水平"。

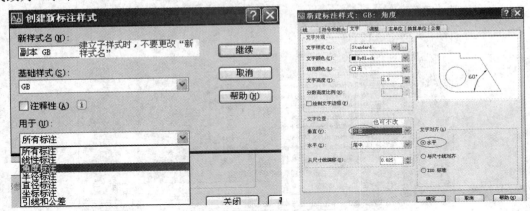

图 3-33　角度标注工具条

4. 文字注写

(1) 单行文字注写——DT。

(2) 多行文字注写——T。其多用于填写技术要求及标题栏。

5. 技术要求

(1) 标注表面粗糙度——插入图块。

(2) 标注剖切符号。

(3) 标注形位公差。

6. 保存图形

按要求保存好图形。

项目四　减速器端盖零件测绘

一、任务导入

减速器轴承端盖零件及截面如图 4-1 所示，测绘制其零件图。通过完成此项目，可熟悉轮盘类零件图的表达方案、零件图的绘制方法及步骤，并掌握绘制轴承端盖零件图的方法，还能正确识读中等复杂程度的轮盘类零件图。

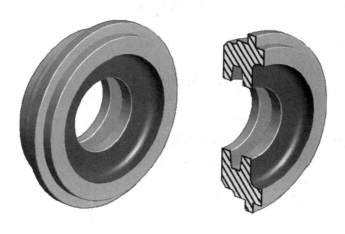

图 4-1　减速器轴承端盖零件及截面

二、相关知识

轮盘类零件在机器设备上使用较多，包括齿轮、轴承端盖、法兰盘、带轮以及手轮等。其主体结构一般由直径不同的回转体组成，径向尺寸比轴向尺寸大，常有退刀槽、凸台、凹坑、倒角、圆角、轮齿、轮辐、肋板、螺孔、键槽和作为定位或连接用的孔等。常见的轮盘类零件如图 4-2 所示。

轮盘类零件包括各种用途的轮、盘盖，如带轮、手轮、齿轮以及各种形状的法兰盘、端盖等。轮一般装在轴上，起传递扭矩和动力的作用；盘盖主要起支承、轴向定位和密封等作用。

　　轮盘类零件的外形轮廓变化较大，其主要结构以回转体居多。它们的径向尺寸一般大于轴向尺寸。为了与其他零件连接，或增强本身的强度，轮盘类零件上常开有键槽、光孔、螺纹孔，也附有肋、凸台等结构。它们的毛坯多系铸件，也有锻件，以车削加工为主。

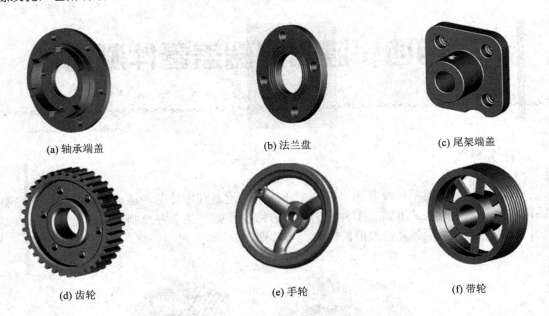

(a) 轴承端盖　　　　　　　　　　(b) 法兰盘　　　　　　　　　　(c) 尾架端盖

(d) 齿轮　　　　　　　　　　　　(e) 手轮　　　　　　　　　　　(f) 带轮

图 4-2　常见的轮盘类零件

1. 凸台和凹坑

　　零件上与其他零件的接触面，一般都要进行加工。为减少加工面积并保证零件表面之间有良好的接触，常在铸件上设计出凸台和凹坑，如图 4-3 所示。

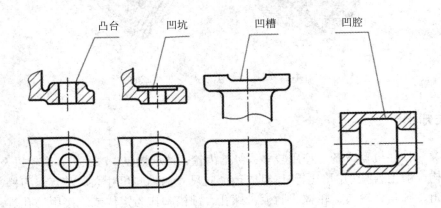

图 4-3　铸件上的凸台和凹坑

2. 钻孔结构

　　用钻头钻孔时，要求钻头轴线尽量垂直于被钻孔的端面，以保证钻孔避免钻头折断。常见孔结构正误对照表见表 4-1。

表 4-1　常见孔结构正误对照表

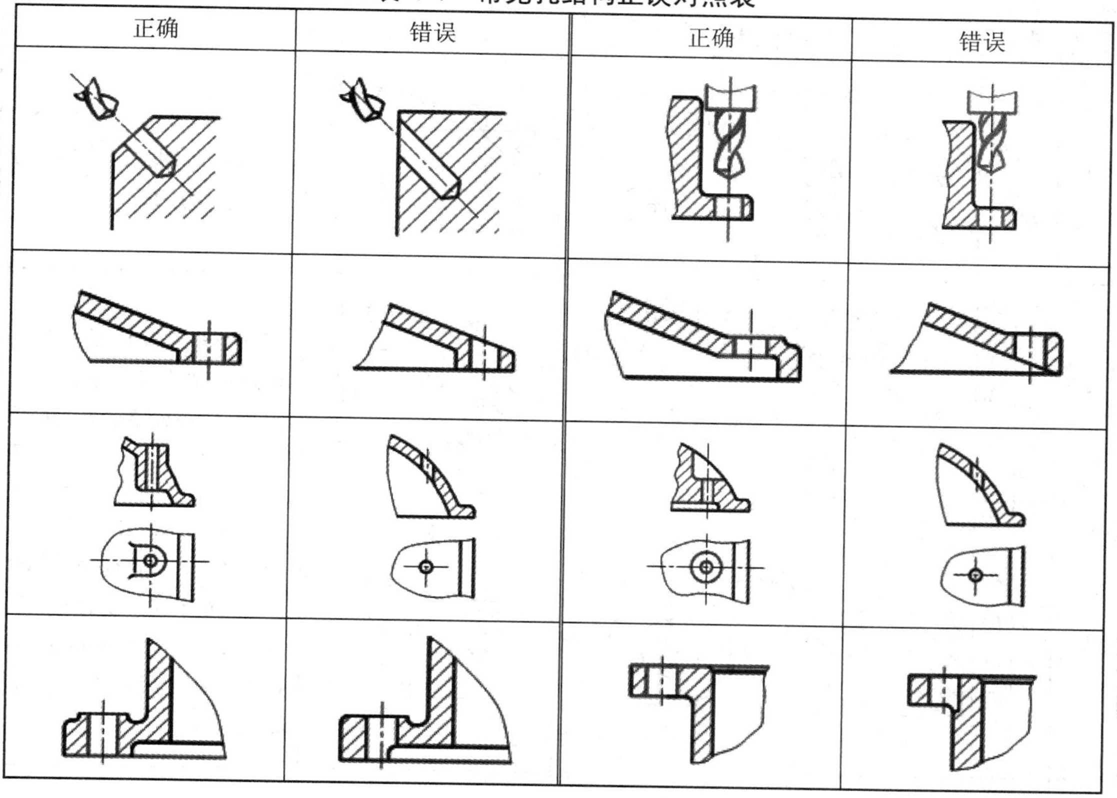

正确	错误	正确	错误

3. 零件上常见典型结构的尺寸注法

零件上常见典型结构的尺寸注法见表 4-2。

表 4-2　零件上常见典型结构的尺寸注法

序号	类型	简化注法	一般注法	说明
1	一般孔	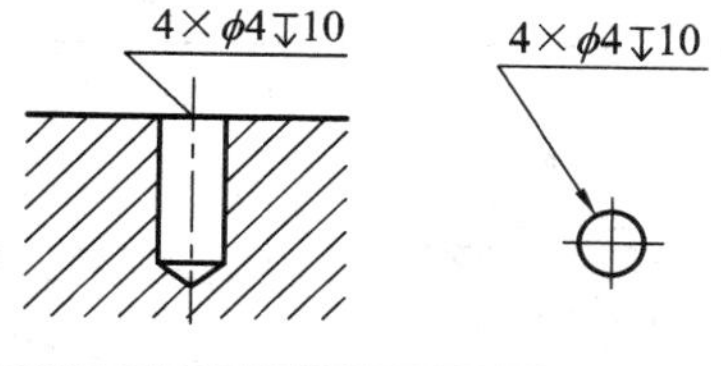 $4×\phi4\downarrow10$　　$4×\phi4\downarrow10$	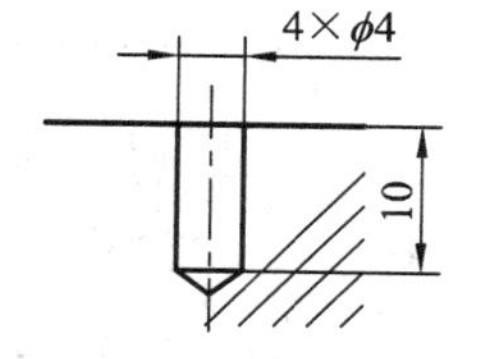 $4×\phi4$	$\downarrow$深度符号　$4×\phi4$ 表示直径为 4 mm、均布的 4 个光孔，孔深为 10 mm，孔深可与孔径连注，也可分别注出
2	光孔 精加工孔	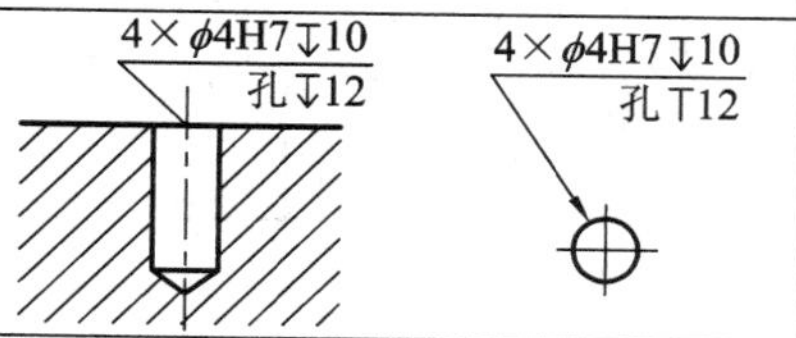 $4×\phi4H7\downarrow10$ 孔$\downarrow12$　$4×\phi4H7\downarrow10$ 孔 T12	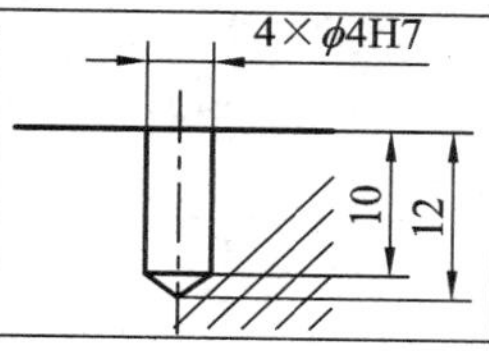 $4×\phi4H7$	4 个光孔深为 12 mm，钻孔后需精加工至 $\phi4H7$，深度为 10 mm
3	锥孔	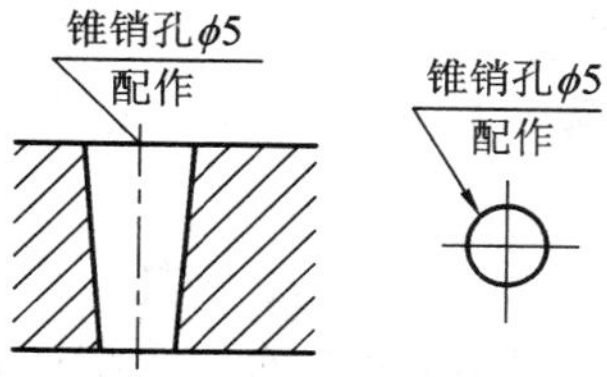 锥销孔$\phi5$ 配作　锥销孔$\phi5$ 配作	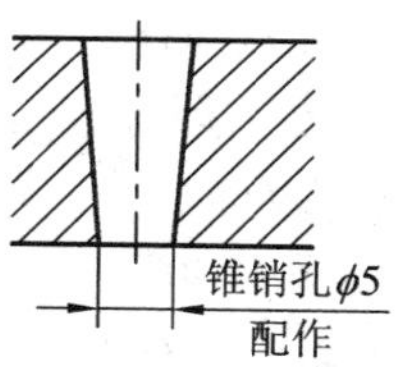 锥销孔$\phi5$ 配作	$\phi5$ mm 为与锥销孔相配的圆锥销小头直径(公称直径)。锥销孔通常是将两零件装在一起后再加工，故应注明"配作"

序号	类型	简化注法	一般注法	说明
4	通孔	3×M6-7H　　3×M6-7H	3×M6-7H	3 × M6 表示公称直径为 6 mm 的 3 个螺孔,中径和顶径公差带为 7H
5	螺孔 不通孔	3×M6-7H▽10 孔▽12　　3×M6-7H▽10 孔▽12	3×M6-7H　10　12	3 个螺孔 M6 的长度为 10 mm,钻孔深度为 12 mm,中径和顶径公差带为 7H
6	沉孔 锥形沉孔	6×φ7 ▽φ13×90°　　6×φ7 ▽φ13×90°	90° φ13　6×φ7	▽锥形沉孔符号 6×φ7 表示直径为 7 mm、均布的 6 个孔。90°锥形沉孔的最大直径为 φ13 mm。锥形沉孔可以旁注,也可以直接注出
7	柱形沉孔	4×φ6.4 ⊔φ12▽4　　4×φ6.4 ⊔φ12▽4	φ12　4　4×φ6.4	⊔沉孔符号 4 个柱形沉孔的直径为 φ12 mm,深度为 4 mm,均需标注
8	锪平孔	4×φ9 ⊔φ20　　4×φ9 ⊔φ20	⊔φ20　4×φ9	⊔锪平孔符号 锪平孔 φ20 mm 深度不标注,一般锪平到不出现毛面为止

4. 表面粗糙度的标注示例

表面粗糙度的标注参见 GB/T 131—2006,具体有以下四点:

(1) 表面粗糙度符号、代号一般注在可见轮廓线、尺寸线、引出线或它们的延长线上,符号的尖端必须从材料外指向表面。

(2) 在同一图样上,表面粗糙度一般要求对每一表面只标注一次,并尽可能标注在相应的尺寸及其公差的同一视图上。除非另有说明,否则所标注的表面结构要求均是对加工后零件表面的要求。

(3) 表面粗糙度符号、代号的标注方向和读取方向应与尺寸的注写和读取方向一致。

(4) 表面粗糙度在图样中的标注位置和方向见表 4-3。

表 4-3　表面粗糙度在图样中的标注位置和方向

标注位置	标注图例	说　明
标注在轮廓线或其延长线上		其符号应从材料外指向接触表面或其延长线，或用箭头指向表面或其延长线。必要时可以用黑点或箭头引出标注
标注在特征尺寸的尺寸线上		在不至于引起误解时，表面粗糙度可以标注在给定的尺寸线上
标注在几何公差框格的上方		表面粗糙度可以标注在几何公差框格的上方
标注在圆柱和棱柱表面上		圆柱和棱柱表面粗糙度只标注一次，如果每个表面有不同的表面粗糙度，则应分别单独标注

5. 表面粗糙度的简化注法

表面粗糙度的简化注法见表 4-4。

表 4-4 表面粗糙度的简化注法

项目	标注图例	说　明
有相同表面粗糙度的简化注法	 在圆柱号内给出无任何其他标注的基本符号 在圆括号内给出不同的表面结构要求	如果在工件的多数(包括全部)表面有相同的表面粗糙度,则其表面粗糙度可统一标注在图样的标题栏附近。此时(除全部表面有相同要求的情况外),表面粗糙度符号的后面应有表示无任何其他标注的基本符号或不同的表面粗糙度
多个表面有共同要求的注法	**用带字母的完整符号的简化注法** 	当多个表面具有相同的表面粗糙度或图纸空间有限时,可以采用简化注法
	只用表面粗糙度符号的简化注法 未指定工艺方法的多个表面粗糙度的简化注法　　要求去除材料的多个表面粗糙度的简化注法 不允许去除材料的多个表面粗糙度的简化注法	可以用 $\sqrt{}\,Ra1.6$ 形式给出对多个表面共同的表面粗糙度

由几种不同的工艺方法获得的同一表面,当需要明确每种工艺方法的表面粗糙度时,可按图 4-4 所示的方法标注。电镀层 GB/T 11379—Fe∥Cr25hr 表示钢件,镀铬。

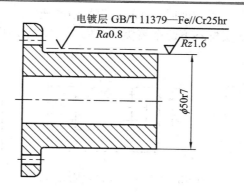

图 4-4　不同工艺获得同一表面的表面粗糙度的注法

6. 几何公差代号标注示例

(1) 用带箭头的指引线将框格与被测要素相连，按以下方式标注：

① 当提取(实际)要素为轮廓线或表面时，将箭头置于提取(实际)要素的轮廓线或轮廓线的延长线上，必须与尺寸线明显地错开，如图 4-5(a)和图 4-5(b)所示。

② 当几何公差涉及表面时，箭头也可指向引出线的水平线，引出线引自被测面，如图 4-5(c)所示。

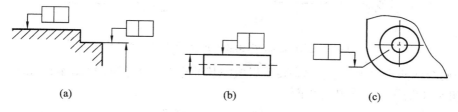

图 4-5　提取(实际)要素为轮廓线或表面

③ 当被测要素为轴线或对称面时，带箭头的指引线应与尺寸线对齐，如图 4-6 所示。

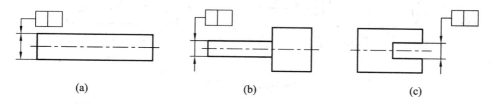

图 4-6　提取(实际)要素为轴线或对称面

(2) 基准符号应放置的位置：当基准要素是轮廓线或表面时，基准符号应置于要素的外轮廓线或其延长线上，与尺寸线明显地错开，如图 4-7 所示。

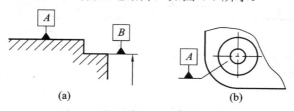

图 4-7　基准要素为轮廓线或表面

(3) 当基准要素是轴线或对称面时，其基准符号中的连线应与尺寸线对齐，如图 4-8(a) 和图 4-8(c)所示。若尺寸线安排不下两个箭头，则另一个箭头可用三角形代替，如图 4-8(b) 所示。

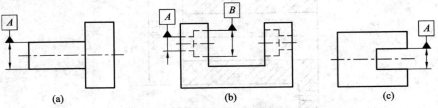

图 4-8　基准要素是轴线或对称面

(4) 当多个提取(实际)要素有相同的几何公差要求时，可从一个框格内的同一端引出多个指示箭头，如图 4-9(a)所示；当同一个提取(实际)要素有多项几何公差要求时，可在一个指引线上画出多个公差框格，如图 4-9(b)所示。

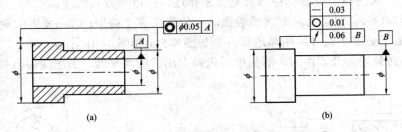

图 4-9　多个提取(实际)要素或多项几何公差要求

(5) 两个或两个以上提取(实际)要素组成的基准称为公共基准，如图 4-10(a)所示的公共轴线及图 4-10(b)所示的公共对称面。

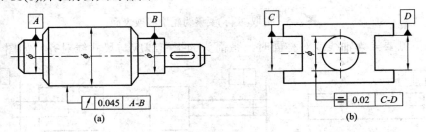

图 4-10　公共基准

(6) 如果只以要素的某一局部作为基准，则应用粗点画线表示出该部分并加注尺寸，如图 4-11 所示。

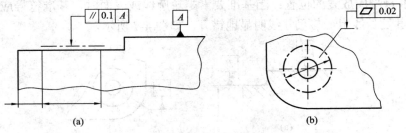

图 4-11　提取(实际)要素局部限定性标注

(7) 需要对整个被测要素上任意限定范围标注同样几何特征的公差时，标注如图 4-12 所示。

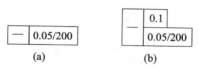

(a)   (b)

图 4-12　公差限制值的标注

三、任务实施

1. 结构分析

减速器的轴承端盖因其可穿通，故又称透盖，属于轮盘类的典型零件。端盖零件的基本形体为同轴回转体，结构可分成圆柱筒和圆盘两部分，其轴向尺寸比径向尺寸小。圆柱筒中有带锥度的内孔(腔)，边沿没有缺口，说明轴承是脂润滑；圆柱筒的外圆柱面与轴承座孔相配合。圆盘中心的圆孔内有密封槽，用以安装毛毡密封圈，防止箱体内润滑油外泄和箱外杂物侵入箱体内。

2. 结构表达

(1) 根据轴承端盖零件的结构特点，主视图沿轴线水平放置，符合工作位置原则。

(2) 采用主、左两个基本视图表达。主视图采用全剖视图，主要表达端盖的圆柱筒、密封槽及圆盘的内部轴向结构和相对位置。

3. 绘制零件草图

(1) 徒手绘制零件草图，如图 4-13 所示。

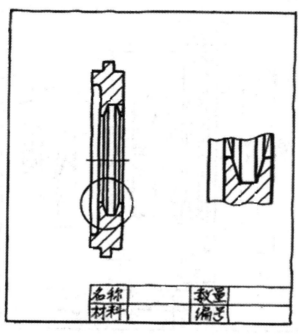

图 4-13　徒手绘制零件草图

(2) 绘制尺寸界线和尺寸线，如图 4-14 所示。

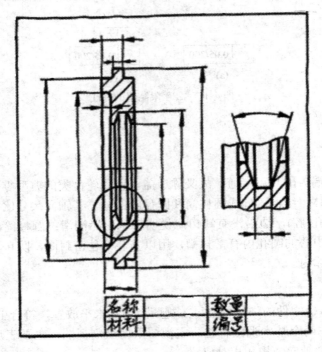

图 4-14　绘制尺寸界线和尺寸线

(3) 集中标注尺寸，如图 4-15 所示。

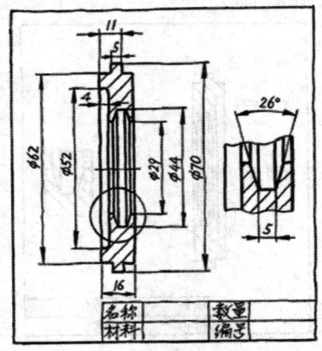

图 4-15　集中标注尺寸

(4) 标注技术要求，如图 4-16 所示。

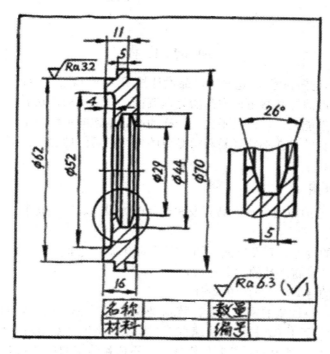

图 4-16　标注技术要求

(5) 填写标题栏，如图 4-17 所示。

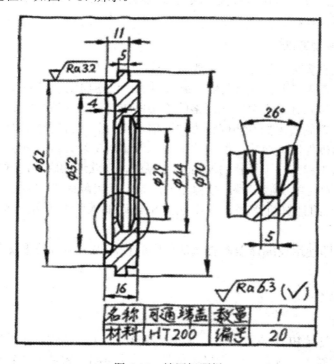

图 4-17　填写标题栏

四、拓展知识

逆 向 工 程

　　逆向工程(又称逆向技术)，是一种产品设计技术再现过程，即对一项目标产品进行逆向分析及研究，从而演绎并得出该产品的处理流程、组织结构、功能特性及技术规格等设计要素，以制作出功能相近，但又不完全一样的产品。逆向工程源于商业及军事领域中的硬件分析。其主要目的是在不能轻易获得必要的生产信息的情况下，直接从成品分析推导出产品的设计原理。

1．逆向工程作用

　　逆向工程被广泛地应用到新产品开发和产品改型设计、产品仿制、质量分析检测等领域。它的作用如下：

　　(1) 缩短产品的设计、开发周期，加快产品的更新换代速度。

　　(2) 降低企业开发新产品的成本与风险。

　　(3) 加快产品的造型和系列化的设计。

　　(4) 适合单件、小批量的零件制造，特别是模具的制造，可分为直接制模法与间接制模法。直接制模法：基于 RP 技术的快速直接制模法是将模具 CAD 的结果由 RP 系统直接制造成型。该法既不需用 RP 系统制作样件，也不依赖传统的模具制造工艺，对金属模具制造而言尤为快捷，是一种极具开发前景的制模方法。间接制模法：该法是利用 RP 技术制造产品零件原型，以原型作为母模、模芯或制模工具(研磨模)，再与传统的制模工艺相结合，制造出所需模具。

2．逆向工程实现方法

　　软件逆向工程有多种实现方法，主要有三种：

　　(1) 分析通过信息交换所得的观察。最常用于协议逆向工程，涉及使用总线分析器和数据包嗅探器。在接入计算机总线或网络的连接并成功截取通信数据后，可以对总线或网络行为进行分析，以制造出拥有相同行为的通信实现。此法特别适用于设备驱动程序的逆向工程。有时，由硬件制造商特意所做的工具，如 JTAG 端口或各种调试工具，也有助于嵌入式系统的逆向工程。对于微软的 Windows 系统，受欢迎的底层调试器有 SoftICE。

　　(2) 反汇编，即使用反汇编器，把程序的原始机器码翻译成较便于阅读理解的汇编代码。这适用于任何的计算机程序，对不熟悉机器码的人特别有用。流行的相关工具有 OllyDebug 和 IDA。

　　(3) 反编译，即使用反编译器，尝试从程序的机器码或字节码重现高级语言形式的源代码。

3．相关操作软件

1) Imageware

　　Imageware 由美国 EDS 公司出品，是最著名的逆向工程软件，正被广泛应用于汽车、航空、航天、消费家电、模具、计算机零部件等设计与制造领域。该软件拥有广大的用户群，国外有 BMW、Boeing、GM、Chrysler、Ford、raytheon、Toyota 等著名国际大公司，国内则有上海大众、上海交大、上海 DELPHI、成都飞机制造公司等大企业。Imageware 软件界面如图 4-18 所示。

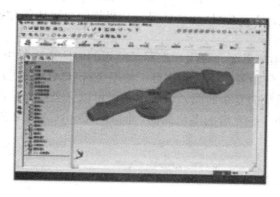

图 4-18　Imageware 软件界面

以前，该软件主要被应用于航空航天和汽车工业，因为这两个领域对空气动力学性能要求很高，所以在产品开发的开始阶段就要认真考虑空气动力性。常规的设计流程首先根据工业造型需要设计出结构，制作出油泥模型之后将其送到风洞实验室去测量空气动力学性能，然后再根据实验结果对模型进行反复修改直到获得满意结果为止，如此所得到的最终油泥模型才是符合需要的模型。如何将油泥模型的外形精确地输入计算机成为电子模型，这就需要采用逆向工程软件。首先利用三坐标测量仪器测出模型表面点阵数据，然后利用逆向工程软件(例如：Imageware surfacer)进行处理即可获得曲面。

2)　Geomagic Studio

由美国 Raindrop(雨滴)公司出品的逆向工程和三维检测软件 Geomagic Studio 可轻易地从扫描所得的点云数据创建出完美的多边形模型和网格，并可自动转换为 NURBS 曲面。该软件也是除了 Imageware 以外应用最为广泛的逆向工程软件。Geomagic Stadio 软件界面如图 4-19 所示。

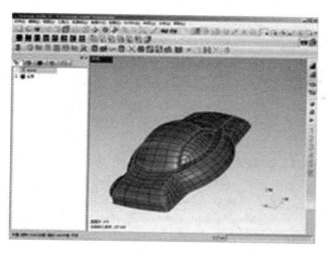

图 4-19　Geomagic Stadio 软件界面

3）CopyCAD

CopyCAD 是由英国 DELCAM 公司出品的功能强大的逆向工程系统软件，它能允许从已存在的零件或实体模型中产生三维 CAD 模型。该软件为来自数字化数据的 CAD 曲面的产生提供了复杂的工具。CopyCAD 能够接受来自坐标测量机床的数据，同时跟踪机床和激光扫描器。

CopyCAD 简单的用户界面允许用户在尽可能短的时间内进行生产，并且能够快速掌握其功能，即使对于初次使用者也能做到这点。使用 CopyCAD 的用户将能够快速编辑数字化数据，产生具有高质量的复杂曲面。该软件系统可以完全控制曲面边界的选取，然后根据设定的公差能够自动产生光滑的多块曲面。同时，CopyCAD 还能够确保在连接曲面之间的正切的连续性。

项目五　减速器箱座测绘

一、任务导入

减速器箱体零件如图 5-1 所示，测绘制其零件图。通过完成此项目，可掌握箱体类零件的结构特点及表达方案，并熟练掌握识读箱体类零件图的方法及步骤。

图 5-1　减速器箱体零件

上箱盖透气塞拆卸　　　　　下箱体视油窗组件拆卸　　　　　　下箱体放油螺塞拆卸

二、相关知识

箱体类零件是机器或部件的基础零件，它将机器或部件中的轴、套、齿轮等有关零件组装成一个整体，使它们之间保持正确的相互位置，并按照一定的传动关系协调地传递运动或动力。因此，箱体的加工质量将直接影响机器或部件的精度、性能和寿命。

常见的箱体类零件有机床主轴箱、机床进给箱、变速箱体、减速箱体、发动机缸体和机座等。根据零件的结构形式不同，箱体可分为整体式箱体和分离式箱体两大类。前者是整体铸造、整体加工，加工较困难，但装配精度高；后者可分别制造，便于加工和装配，但增加了装配工作量。

箱体的结构形式虽然多种多样，但仍有共同的主要特点：形状复杂、壁薄且不均匀，一般带有腔、轴孔、肋板、凸台、沉孔及螺孔等结构。支承孔处常设有加厚凸台或加强肋，表面过渡线较多，如图 5-2 所示。

1. 铸造结构

1) 起模斜度

为了在铸造时便于将模样从砂型中取出，于是在铸件内外壁上常设计出起模斜度，如图 5-3 所示。起模斜度的大小：木模常为 1°～3°，金属模手工造型时为 1°～2°，用机械造型时为 0.5°～1°。在图上表达起模斜度较小的零件时，起模斜度可以不画，如图 5-3(a)所示，但应在技术要求中加以说明。当需要表达时，如在一个视图中起模斜度已表达清楚，如图 5-3(b)所示，则在其他视图中可只按小端画出，如图 5-3(c)所示。

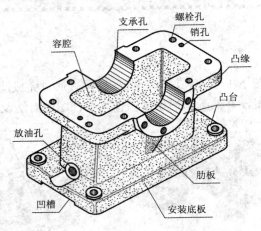

图 5-2　箱体的结构形式

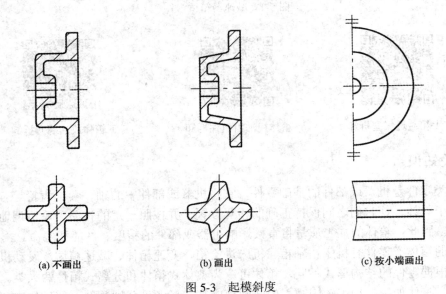

(a) 不画出　　　　　　　(b) 画出　　　　　　(c) 按小端画出

图 5-3　起模斜度

2) 铸造圆角

在箱体铸造过程中，为了满足铸造工艺要求，防止砂型落砂、铸件产生裂纹和缩孔，在铸件各表面相交处都做成圆角而不做成尖角，如图 5-4 所示。圆角半径一般取壁厚的 1/5～2/5。在同一铸件上，圆角半径的种类应尽可能减少。

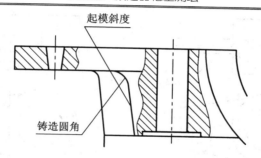

图 5-4　箱体上的起模斜度和铸造圆角

3) 过渡线

由于铸造圆角的存在，零件上的表面交线就显得不明显，为了区分不同形体的表面，在零件图上仍画出两表面的交线，称为过渡线。其画法与相贯线的画法一样(用细实线绘制)，如图 5-5 所示。

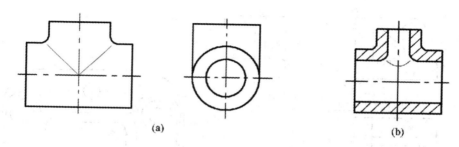

图 5-5　两曲面相交的过渡线

肋板与圆柱面相交的过渡线，其形状取决于肋板的断面形状及相切或相交的关系，如图 5-6 所示。

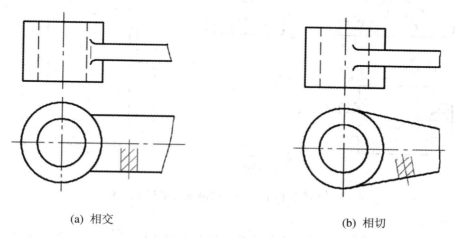

图 5-6　肋板断面为矩形时

肋板与圆柱面相交的过渡线，其形状取决于肋板的断面形状及相切或相交的关系，如图 5-7 所示。

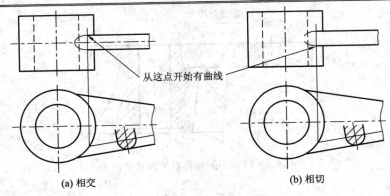

从这点开始有曲线

(a) 相交　　　　　　　　　　　(b) 相切

图 5-7　肋板断面为曲线形时

　　平面与平面或平面与曲面相交的过渡线应在转角处断开，并加画小圆弧，其弯向应与铸造圆角的弯向一致，如图 5-8 所示。

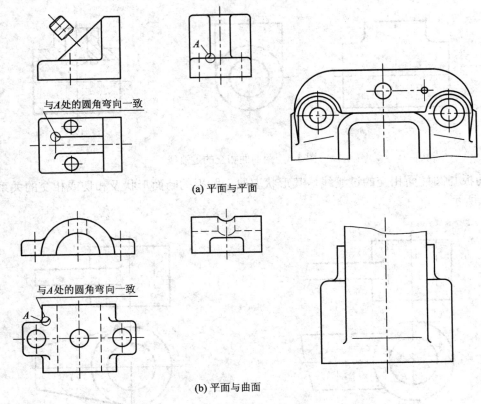

与A处的圆角弯向一致

(a) 平面与平面

与A处的圆角弯向一致

(b) 平面与曲面

图 5-8　平面与平面、平面与曲面相交的过渡线的画法

　　4) 箱体壁厚

　　为了保证箱体的质量，防止因壁厚不均而冷却结晶速度不同，在肥厚处产生疏松以致缩孔，薄厚相间处产生裂纹等，应使箱体壁厚均匀或逐渐变化，避免突然改变壁厚产生局部肥大现象，如图 5-9 所示。其壁厚有时在图中可不注，而在技术要求中注写，如"未注明壁厚为 5 mm"。

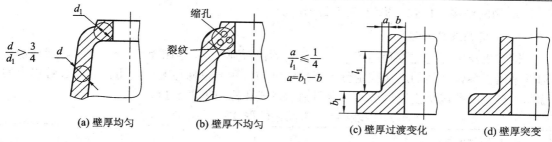

图 5-9　铸件壁厚

5) 铸件各部分形状应尽量简化

为了便于制模、造型、清理、去除浇冒口和机械加工，铸件外形应尽可能平直，内壁也应减少凸起或分支部分，如图 5-10 所示。

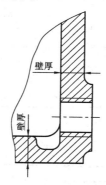

图 5-10　铸件内外结构形状应简化

2. 箱体上的机械加工结构

沉孔和凸台为了保证零件间的良好接触及减少加工面，在箱体上常有凸台结构或加工出沉孔(鱼眼坑)，以减少加工面积并保证两零件间接触良好，如图 5-11 所示。

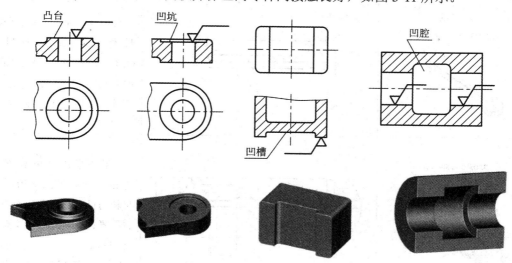

图 5-11　铸件内外结构形状应简化

3. 销的种类、形式、标记和连接画法

1) 常用销及其标记

销在机器中可起定位和连接作用。常用的销有圆柱销、圆锥销和开口销等。圆柱销和圆锥销用于零件之间的连接或定位；开口销常与六角开槽螺母配合使用，它穿过螺母上的槽和螺杆上的孔以防止螺母松动。常用销的形式和标记见表 5-1。

表 5-1　常用销的形式和标记

名称(标准号)	图　　例	标记示例
圆柱销 不淬硬钢和奥氏体不锈钢 (GB/T 119.1—2000) 淬硬钢和马氏体不锈钢 (GB/T 119.2—2000)	≈15°　c　l　d　c	公称直径 $d = 8$ mm、公差为 m6、公称长度 $l = 30$ mm、材料为钢、不经淬火、不经表面处理的圆柱销： 　销　GB/T 119.1 8m6×30
圆锥销 (GB/T 117—2000)	1:50　d　$r_1 ≈ d$　r_2　a　l　a	公称直径 $d = 10$ mm、公称长度 $l = 50$ mm、材料为 35 钢、热处理硬度 28～38HRC、表面氧化处理的 A 型圆锥销： 　销　GB/T 117　10×50 (公称直径指小端直径)
开口销 (GB/T 91—2000)	b　l　a　c　d	公称规格为 5 mm、公称长度 $l = 40$ mm、材料为 Q215 或 Q235、不经表面处理的开口销： 　销　GB/T 91　5×40
内螺纹圆柱销 (GB/T 120.2—2000)	75°　t_0　15°　$r = d$　d_2　d　c　a　t_1　t_2　l	公称直径 $d = 6$ mm、公差为 m6、公称长度 $l = 30$ mm、材料为钢、普通淬火(A 型)、表面氧化处理的内螺纹圆柱销的标记： 　销　GB/T 120.2　6×30

2) 销连接的画法

图 5-12 所示为圆柱销、圆锥销连接的画法。在连接图中，当剖切平面通过销孔轴线时，销按不剖处理。

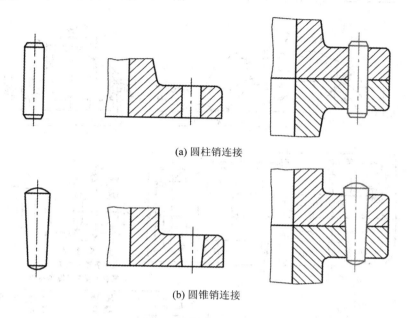

(a) 圆柱销连接

(b) 圆锥销连接

图 5-12　销连接的画法

三、任务实施

1. 结构分析

减速器的箱体用来支承和固定轴系零件，应保证传动件轴线相互位置的正确性，因而轴孔必须精确加工。箱体必须具有足够的强度和刚度，以免引起沿齿轮齿宽上载荷分布不匀。为了增加箱体的刚度，通常在箱体上制出筋板。为了便于轴系零件的安装和拆卸，箱体通常制成削分式。剖分面一般取在轴线所在的水平面内(即水平剖分)，以便于加工。箱盖和箱座之间用螺栓连接成一整体，为了使轴承座旁的连接螺栓尽量靠近轴承座孔，并增加轴承支座的刚性，应在轴承座旁制出凸台。

2. 结构表达

1) 主视图选择

箱体类零件多数经过较多工序加工而成，各工序的加工位置不尽相同。通常以最能反映形状特征及结构相对位置的一面作为主视图的投射方向，以自然安放位置或工作位置作为主视图的摆放位置。

2) 其他视图选择

由于箱体类零件结构复杂，主视图和其他视图往往采用各种剖视方法，以表达内部结构。其中，剖切面一般通过孔的轴线。有时，同一投射方向既有外形视图又有剖视图。对于一些局部结构，还会采用局部视图、局部剖视图、断面图等表达。

3. 绘制零件图

(1) 徒手绘制零件草图，如图 5-13 所示。

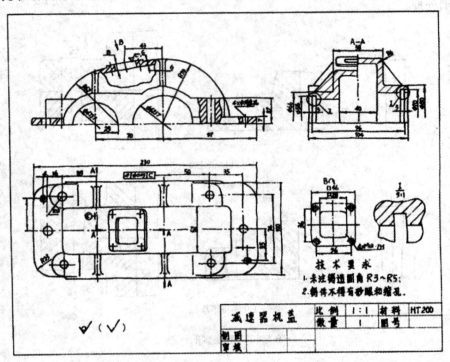

(a) 草图 1

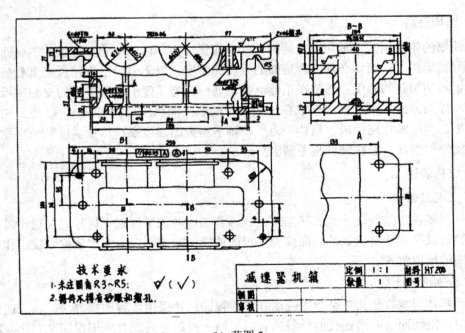

(b) 草图 2

图 5-13　徒手绘制零件草图

(2) 绘制零件图,如图 5-14 所示。

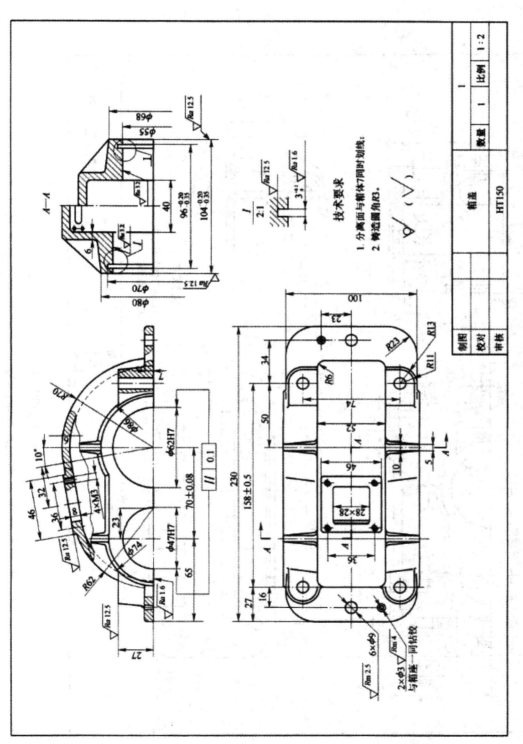

(a) 零件图 1

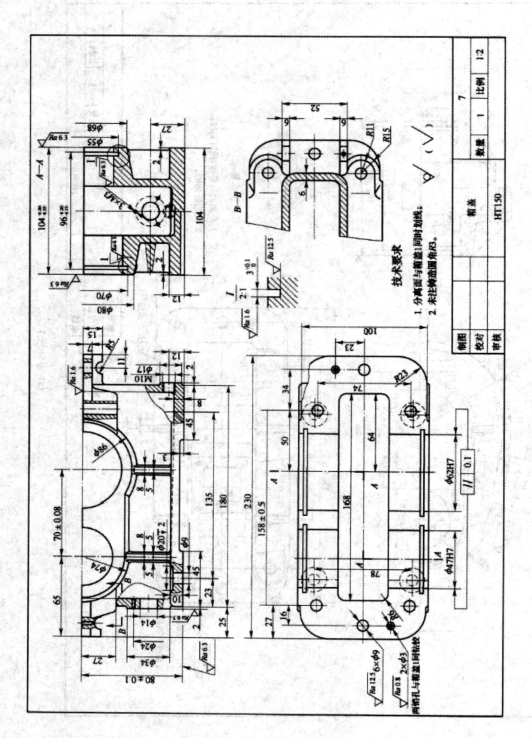

技术要求
1. 分离面与箱盖1同时划线；
2. 未注铸造圆角R3。

箱盖　HT150

（b）零件图2

图 5-14　绘制零件图

四、拓展知识

三坐标检测

三坐标检测就是运用三坐标测量机对工件进行形位公差的检验和测量，判断该工件的误差是不是在公差范围之内，所以它也叫三坐标测量。随着现代汽车工业和航空航天事业以及机械加工业的突飞猛进，三坐标检测已经成为常规的检测手段。

三坐标测量机就是在三个相互垂直的方向上装有导向机构、测长元件、数显装置，并有一个能够放置工件的工作台(大型和巨型不一定有)，测头可以手动或机动方式轻快地移动到被测点上，由读数设备和数显装置把被测点的坐标值显示出来的一种测量设备，如图5-15所示。显然这是最简单、最原始的测量机。有了这种测量机后，在测量容积里任意一点的坐标值都可通过读数装置和数显装置显示出来。测量机的采点发讯装置是测头，在沿X、Y、Z三个轴的方向装有光栅尺和读数头。其测量过程就是当测头接触工件并发出采点信号时，由控制系统去采集当前机床三轴坐标相对于机床原点的坐标值，再由计算机系统对数据进行处理。

图 5-15　三坐标测量机

三坐标检测已广泛用于机械制造业、汽车工业、电子工业、航空航天工业和国防工业等各部门，成为现代工业检测和质量控制不可缺少的测量设备。在应用范围里面，三坐标检测也基本上涵盖了机械零件及电子元器件和各种形状公差及位置公差。三坐标检测范围见表 5-2。

表 5-2　三坐标检测范围

名称	释　义
直线度	直线度是表示零件上的直线要素实际形状保持理想直线的状况，也就是通常所说的平直程度 直线度公差是实际线对理想直线所允许的最大变动量，也就是在图样上所给定的，用以限制实际线加工误差所允许的变动范围
平面度	平面度是表示零件上的平面要素实际形状保持理想平面的状况，也就是通常所说的平整程度 平面度公差是实际表面对平面所允许的最大变动量，也就是在图样上给定的，用以限制实际表面加工误差所允许的变动范围
圆度	圆度是表示零件上圆的要素实际形状与其中心保持等距的情况，即通常所说的圆整程度 圆度公差是在同一截面上，实际圆对理想圆所允许的最大变动量，也就是图样上给定的，用以限制实际圆的加工误差所允许的变动范围
圆柱度	圆柱度是表示零件上圆柱面外形轮廓上的各点对其轴线保持等距状况 圆柱度公差是实际圆柱面对理想圆柱面所允许的最大变动量，也就是图样上给定的，用以限制实际圆柱面加工误差所允许的变动范围
线轮廓度	线轮廓度是表示在零件的给定平面上，任意形状的曲线保持其理想形状的状况 线轮廓度公差是指非圆曲线的实际轮廓线的允许变动量，也就是图样上给定的，用以限制实际曲线加工误差所允许的变动范围
面轮廓度	面轮廓度是表示零件上的任意形状的曲面保持其理想形状的状况 面轮廓度公差是指非圆曲面的实际轮廓线对理想轮廓面的允许变动量，也就是图样上给定的，用以限制实际曲面加工误差的变动范围
平行度	平行度是表示零件上被测实际要素相对于基准保持等距离的状况，也就是通常所说的保持平行的程度 平行度公差是指被测要素的实际方向与基准相平行的理想方向之间所允许的最大变动量，也就是图样上所给出的，用以限制被测实际要素偏离平行方向所允许的变动范围
垂直度	垂直度是表示零件上被测要素相对于基准要素保持正确的 90°夹角状况，也就是通常所说的两要素之间保持正交的程度 垂直度公差是指被测要素的实际方向对于基准相垂直的理想方向之间所允许的最大变动量，也就是图样上给出的，用以限制被测实际要素偏离垂直方向所允许的最大变动范围
倾斜度	倾斜度是表示零件上两要素相对方向保持任意给定角度的正确状况 倾斜度公差是指被测要素的实际方向对于基准成任意给定角度的理想方向之间所允许的最大变动量
对称度	对称度是表示零件上两对称中心要素保持在同一中心平面内的状态 对称度公差是指实际要素的对称中心面(或中心线、轴线)对理想对称平面所允许的变动量。该理想对称平面是指与基准对称平面(或中心线、轴线)共同的理想平面

名称	释　义
同轴度	同轴度是表示零件上被测轴线相对于基准轴线保持在同一直线上的状况，也就是通常所说的共轴程度 　　同轴度公差是指被测实际轴线相对于基准轴线所允许的变动量，也就是图样上给出的，用以限制被测实际轴线偏离由基准轴线所确定的理想位置所允许的变动范围
位置度	位置度是表示零件上的点、线、面等要素相对其理想位置的准确状况 　　位置度公差是指被测要素的实际位置相对于理想位置所允许的最大变动量
圆跳动	圆跳动是表示零件上的回转表面在限定的测量面内，相对于基准轴线保持固定位置的状况 　　圆跳动公差是指被测实际要素绕基准轴线、无轴向移动地旋转一整圈时，在限定的测量范围内所允许的最大变动量
全跳动	全跳动是指零件绕基准轴线作连续旋转时，沿整个被测表面上的跳动量 　　全跳动公差是指被测实际要素绕基准轴线连续地旋转，同时指示器沿其理想轮廓相对移动时所允许的最大跳动量

项目六 常用件与标准件测绘

任务一 减速器齿轮的测绘

一、任务导入

直齿圆柱齿轮零件如图 6-1 所示，绘制其零件图。通过完成此项目，可掌握标准直齿圆柱齿轮轮齿部分的名称、几何尺寸的计算，以及绘制直齿圆柱齿轮零件图的方法及步骤。

图 6-1 直齿圆柱齿轮

二、相关知识

直齿圆柱齿轮的典型结构主要由轮缘、轮毂、轮辐或辐板组成。轮缘上有若干个轮齿，轮缘和轮毂之间由轮辐或辐板连接，辐板上一般有四个或六个孔，轮毂中间有轴孔和键槽，如图 6-1 所示。

1. 标准直齿圆柱齿轮的名称和代号

标准直齿圆柱齿轮各部分的名称和代号如图 6-2 所示。

(1) 齿顶圆：通过圆柱齿轮齿顶的圆，其直径用 d_a 表示。

(2) 齿根圆：通过圆柱齿轮齿根的圆，其直径用 d_f 表示。

(3) 分度圆：位于齿顶圆和齿根圆之间，其直径用 d 表示。分度圆是齿轮设计和制造时，进行尺寸计算的基准圆。

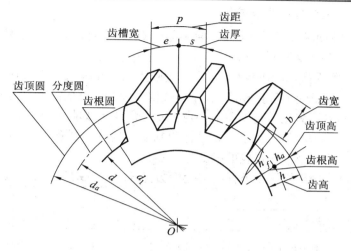

图 6-2　直齿圆柱齿轮各部分名称和代号

　　(4) 齿高、齿顶高、齿根高：齿顶圆与齿根圆之间的径向距离称为齿高，用 h 表示；齿顶圆与分度圆之间的径向距离称为齿顶高，用 h_a 表示；齿根圆与分度圆之间的径向距离称为齿根高，用 h_f 表示。

　　(5) 齿距、齿厚、槽宽：在分度圆上，相邻两齿对应齿廓之间的弧长称为齿距，用 p 表示；在分度圆上，齿的两侧对应齿廓之间的弧长称为齿厚，用 s 表示；在分度圆上，齿槽的两侧对应齿廓之间的弧长称为齿槽宽，用 e 表示。在标准齿轮中，齿厚与槽宽各为齿距的一半，即 $s = e = p/2$，$p = s + e$。

　　(6) 中心距：两啮合齿轮轴线间的距离称为中心距，用 a 表示，如图 6-3 所示。装配准确的标准齿轮中心距为

$$a = \frac{d_1 + d_2}{2} = \frac{m(z_1 + z_2)}{2}$$

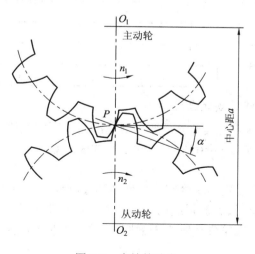

图 6-3　齿轮的啮合

2. 标准直齿圆柱齿轮的主要参数

齿轮虽然不是标准件，但轮齿的主要参数国家已标准化，其主要参数有：

(1) 齿数 z：齿轮上轮齿的个数。

(2) 模数 m：如果齿轮的齿数是 z，则分度圆周长为 $\pi d = zp$，分度圆直径为 $d = zp/\pi$。其中 π 是无理数，为了便于计算和测量，p/π 就称为齿轮的模数，单位为 mm。

模数是设计和制造齿轮的基本参数，也反映了齿轮承载能力的大小。不同模数的齿轮要用不同模数的刀具来制造。为了便于设计和制造，减少齿轮成型刀具的规格，国家标准对模数规定了标准值。渐开线齿轮的模数见表 6-1。

表 6-1　通用机械用渐开线齿轮模数标准(摘自 GB/T 1357—2008)

第一系列	1	1.25	1.5	2	2.5	3	4	5	6	8	10	12
第二系列	1.125	1.375	1.75	2.25	2.75	3.5	4.5	5.5	(6.5)	7	9	11

(3) 压力角 α：如图 6-3 所示，轮齿在啮合点 P 的受力方向(齿廓曲线的公法线方向)与运动方向之间所夹的锐角称为压力角。我国标准齿轮的分度圆压力角为 20°。

一般模数和压力角都相同的齿轮才能相互啮合。

3. 标准直齿圆柱齿轮基本尺寸的计算

在设计齿轮时要先确定模数和齿数。在已知模数 m 和齿数 z 的情况下，齿轮轮齿的其他参数均可按表 6-2 的公式计算出来。

表 6-2　标准直齿圆柱齿轮基本尺寸的计算公式

基本参数：模数 m，齿数 z		
名　称	符　号	计算公式
齿顶高	h_e	$h_e = m$
齿根高	h_f	$h_f = 1.25m$
齿高	h	$h = h_e + h_f = 2.25m$
分度圆直径	d	$d = mz$
齿顶圆直径	d_a	$d_a = d + 2h_a = m(z + 2)$
齿根圆直径	d_f	$d_f = d - 2h_f = m(z - 2.5)$
齿距	p	$p = \pi m$
中心距	a	$a = m(z_1 + z_2)/2$

4. 单个直齿圆柱齿轮的规定画法

齿轮是常用件，国标已将其部分重要参数标准化，因此在绘图时，轮齿的形状结构不需要按真实投影画出。国家标准(GB/T 4459.2—2003)对单个直齿圆柱齿轮的画法作了以下规定：

(1) 齿顶圆和齿顶线用粗实线绘制，分度圆和分度线用细点画线绘制(分度线应超出轮齿两端面 2～3 mm)，齿根圆和齿根线用细实线绘制或省略不画，如图 6-4(a)所示。

(2) 当剖切平面通过齿轮轴线时，剖视图上的轮齿部分不剖，齿根线用粗实线绘制，如图 6-4(b)所示。

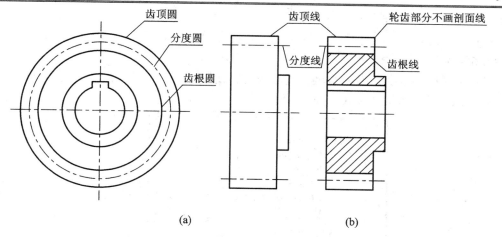

图 6-4　单个直齿圆柱齿轮的画法

三、任务实施

1. 绘制直齿圆柱齿轮零件草图

1) 绘制视图

(1) 根据齿轮的总体尺寸，选择适当图幅和绘图比例，画边框线和标题栏。

(2) 画出两视图的图形定位线，并画出齿轮的外轮廓线。

(3) 按国标规定的齿轮画法，先画出齿顶圆、齿根圆、分度圆等，然后按投影关系画出主视图，检查，擦去多余图线，加深粗实线，最后画剖面线，完成主、左视图，如图 6-5 所示。

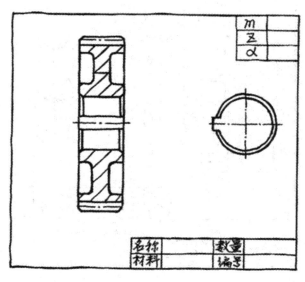

图 6-5　绘制视图

2) 尺寸标注

圆柱齿轮主要有径向和轴向两个方向的尺寸，径向尺寸以轮毂孔轴线为基准，轴向尺寸以齿轮对称面为基准。

(1) 绘制尺寸线及尺寸界线。分别标注圆柱齿轮的定形尺寸、定位尺寸和总体尺寸，如图 6-6(a)所示。

(2) 注写尺寸数字。齿轮的尺寸通过测量和计算得到，常使用的量具有游标卡尺、千分尺和公法线千分尺等，如图 6-6(b)所示。

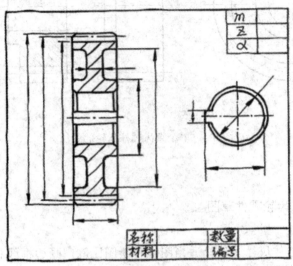

(a) 绘制尺寸线和尺寸界线

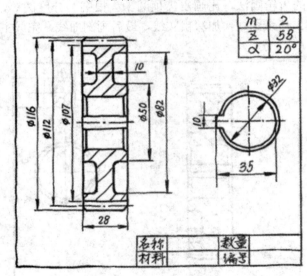

(b) 标注尺寸数字和齿轮参数

图 6-6　尺寸标注

(3) 确定齿顶圆和分度圆直径。通过测量公法线长度或齿顶圆直径求得模数，再计算出齿顶圆和分度圆直径。

① 若通过测量齿轮公法线长度求模数，具体步骤如下：

数出齿数，计算跨齿数 k：

$$z = 135, \quad k = \frac{1}{9}z + 0.5 = \frac{1}{9} \times 135 + 0.5 \approx 15$$

用公法线千分尺测出公法线长度(W)，如图 6-7 所示。在不同位置测量三次，将数值填入表 6-3 中并求出平均值。

图 6-7　用公法线千分尺测出公法线长度

表 6-3　公法线长度(W)

公法线长	测量 1	测量 2	测量 3	平均值
W_{15}	89.39	89.42	89.40	89.403
W_{16}	95.37	95.35	95.33	95.350

求模数 m：

$$m = \frac{W_{k+1} - W_k}{\pi \cos 20°} = \frac{95.350 - 89.403}{\pi \cos 20°} \approx 2.01 (\text{mm})$$

查表 6-1，得 $m = 2 \text{ mm}$。

计算分度圆直径 d 和齿顶圆直径 d_a：

$$d = mz = 2 \times 135 = 270 (\text{mm})$$

$$d_a = d + 2h_a = m(z + 2) = 2 \times (135 + 2) = 274 (\text{mm})$$

② 若通过测量齿顶圆直径求模数：当齿数为偶数时，直接测出齿顶圆直径，如图 6-8(a) 所示；当齿数为奇数时，采用间接测量法，分别测出 D_1 和 H，然后算出齿顶圆直径 $d_a = 2 \times H + D_1$，如图 6-8(b) 所示。

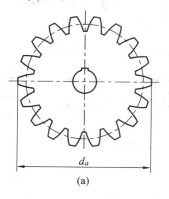
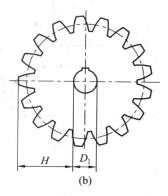

(a)　　　　　　　(b)

图 6-8　齿顶圆直径测量

具体测量步骤如下：

数出齿数：$z = 135$。

采用奇数测量方法测出齿顶圆直径。应在不同位置各测三次，将数值填入表 6-4 中并求平均值。

表6-4　奇 数 测 量 法

测量项目	测量 1	测量 2	测量 3	平均值
H	109.49	109.53	109.51	109.51
D_1	55.12	54.98	55.07	55.05

$$d_a = 2 \times H + D_1 = 2 \times 109.51 + 55.05 = 274.07(\text{mm})$$

求模数 m：

$$d_a = m(z + 2)$$

$$m = \frac{d_a}{135 + 2} = \frac{274.07}{137} \approx 2(\text{mm})$$

3) 标注技术要求

标注技术要求，如图 6-9 所示。

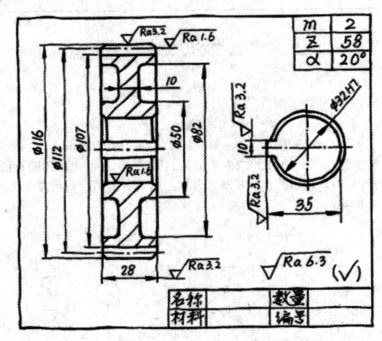

图6-9　齿轮技术标注要求

4) 填写标题栏

填写标题栏，如图 6-10 所示。

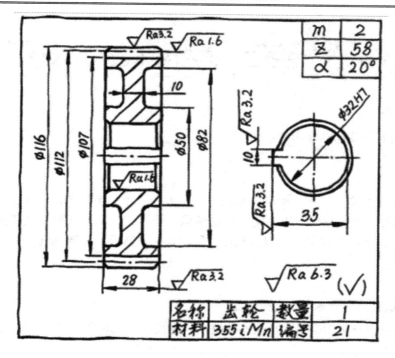

m	2
z	58
α	20°

名称	齿轮	数量	1
材料	355iMn	编号	21

图 6-10　填写齿轮标题栏

2. 绘制零件图

用手工制图或 CAD 绘图软件绘制齿轮零件图，如图 6-11 所示。

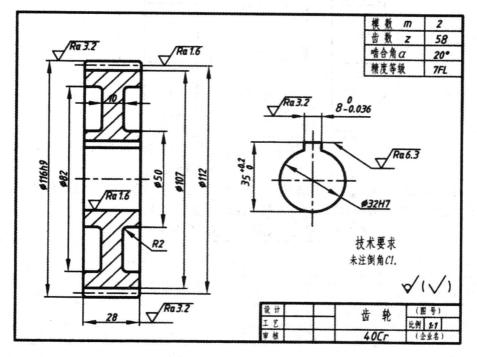

模 数	m	2
齿 数	z	58
啮合角	α	20°
精度等级		7FL

技术要求

未注倒角C1.

设计		齿　轮	（图号）
工艺			比例 1:1
审核		40Cr	（企业名）

图 6-11　齿轮零件图

任务二　标准件的测绘

一、任务导入

测量减速器相关标准件的参数。

二、相关知识

标准件是指结构、尺寸、画法、标记等各个方面已经完全标准化，并由专业厂生产的常用的零(部)件，如螺纹件、键、销、滚动轴承，等等。广义的标准件包括标准化的紧固件、连接件、传动件、密封件、液压元件、气动元件、轴承、弹簧等机械零件。

三、任务实施

1. 深沟球轴承尺寸测量与型号确定

(1) 用游标卡尺分别测量大小深沟球轴承的内径、外径和宽度尺寸，并在图 6-12 中标注出。

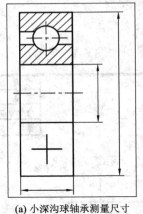 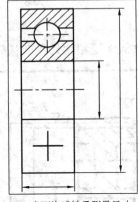

(a) 小深沟球轴承测量尺寸　　　　(b) 大深沟球轴承测量尺寸

图 6-12　深沟球轴承测量尺寸

(2) 根据测量尺寸在表 6-5 中选取与测量尺寸最接近的数值为深沟球轴承的标准尺寸，并根据标准尺寸选定小深沟球轴承型号与大深沟球轴承型号。

表 6-5　深沟球轴承尺寸(GB/T 276—1994)

轴承代号	尺　　寸		
	d	D	B
6200	10	30	9
6201	12	32	10
6202	15	35	11
6203	17	40	12

2. 长外六角螺栓尺寸测量与代号确定

(1) 用游标卡尺测量长螺栓大径和长度，用螺纹样板测量长螺栓的螺距 P。

(2) 根据测量尺寸从表6-6中选取与测量尺寸最接近的数值为长螺栓的标准尺寸，并根据标准尺寸选定长外六角螺栓代号。

表6-6 外六角螺栓规格尺寸

螺纹规格	M3	M4	M5	M6	M8	M10	M12	M14	M16	M20	M24	M30	M36
公称直径 d	3	4	5	6	8	10	12	14	16	20	24	30	36
螺距 P(粗牙)	0.5	0.7	0.8	1	1.25	1.5	1.75	2	2	2.5	3	3.5	4
螺杆系列长度 L	6、8、10、12、16、20、25、30、35、40、45、50、60、70、80、90、100											

3. 短外六角连接螺栓尺寸测量与代号确定

用上述方法确定短外六角联接螺栓代号。

4. 启盖短外六角连接螺栓尺寸测量与代号确定

用上述方法确定启盖短外六角连接螺栓代号。

5. 放油内六角螺栓尺寸测量与代号确定

用上述方法确定放油内六角螺栓代号。

6. 视孔盖板十字圆头螺钉尺寸与代号确定

用上述方法确定视孔盖板十字圆头螺钉代号。

7. 油位观察板十字沉头螺钉尺寸与代号确定

用上述方法确定油位观察板十字沉头螺钉代号。

8. 皮带轮定位十字圆头螺钉尺寸与代号确定

用上述方法确定皮带轮定位十字圆头螺钉代号。

9. 外六角螺母尺寸测量与代号确定

(1) 用游标卡尺测量外六角螺母内径，用螺纹样板测量螺母的螺距 P。

(2) 根据测量尺寸在表6-7中选取与测量尺寸最接近的数值为外六角螺母的标准尺寸，并根据标准尺寸选定外六角螺母代号。

表6-7 外六角螺母规格尺寸

螺纹规格	M3	M4	M5	M6	M8	M10	M12	M14	M16	M20	M24	M30	M36
公称直径 d	3	4	5	6	8	10	12	14	16	20	24	30	36
螺距 P(粗牙)	0.5	0.7	0.8	1	1.25	1.5	1.75	2	2	2.5	3	3.5	4

10. 弹簧垫圈尺寸测量与代号确定

(1) 用游标卡尺测量弹簧垫圈内径。

(2) 根据测量内径在表6-8中选取与测量尺寸最接近的数值为弹簧垫圈的标准尺寸，并根据标准尺寸选定弹簧垫圈代号。

表 6-8　弹簧垫圈规格尺寸

螺纹公称直径	3	4	5	6	8	10
d	3.1	4.1	5.1	6.1	8.1	10.2
$S(b)$	0.8	1.1	1.3	1.6	2.1	2.6
$m \leqslant$	0.4	0.55	0.65	0.8	1.05	1.3

11. 平垫圈尺寸测量与代号确定

(1) 用游标卡尺测量平垫圈内径。

(2) 根据测量内径在表 6-9 中选取与测量尺寸最接近的数值为平垫圈的标准尺寸，并根据标准尺寸选定平垫圈代号。

表 6-9　常用平垫圈规格尺寸

螺纹公称直径 d	3	4	5	6	8	10	12	16	20	24	30	36
垫圈内径 d_1	3.2	4.5	5.5	6.6	9	11	13.5	17.5	22	26	33	39
垫圈外径 D	7	9	10	12.5	17	21	24	30	37	44	56	66
垫圈厚度 s	0.5	0.8	0.8	1.5	1.5	2	2	3	3	4	4	5

机械制图测绘减速器

项目七 减速器测绘

一、任务导入

对图 7-1 所示的一级圆柱齿轮减速器进行测绘并绘制其装配图。通过完成该项目，可理解装配图的作用和内容、装配图的规定画法及特殊画法，并掌握绘制装配图的方法与步骤，以及熟悉减速器的装配关系、连接方式、拆卸及装配顺序。

减速器上箱体拆卸

(a) 减速器透视图

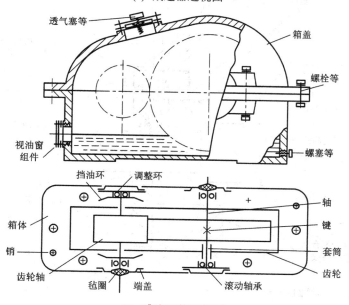

(b) 减速器装配简图

(c) 减速器装配关系图

图 7-1 一级圆柱齿轮减速器

二、相关知识

1. 装配图画法的基本规定

(1) 在两零件的接触表面或具有配合要求的表面画一条线，不接触面画两条线，如图 7-2 所示。

(2) 相邻两零件的剖面线方向应相反或间隔不等。但同一个零件在各个视图中的剖面线的方向和间隔应一致，如图 7-2 所示。

(3) 在剖视图中，若剖切平面通过实心杆件或螺纹紧固件的轴线时，均按不剖绘制，如图 7-2 所示。

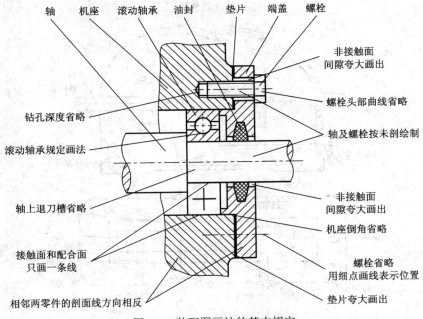

图 7-2 装配图画法的基本规定

2. 装配图的特殊表达方法

1) 沿零件结合面剖切(拆卸画法)

在装配图中，当某个零件遮住其他需要表达的结构时，可假想用剖切平面沿零件的结合面剖开。作图时应注意，零件结合面上不应画剖面线，但被剖切的部分，如螺杆、螺钉等必须画出剖面线。

如图 7-3 所示的滑动轴承装配图中的俯视图，为了表示轴衬与轴承座的装配关系，右半部就是沿轴承盖与轴承座的结合面剖开的，图中被剖切的螺杆画上了剖面线。

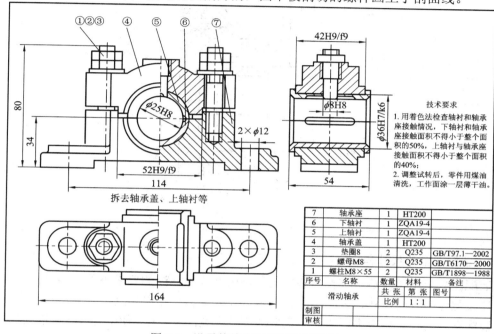

7	轴承座	1	HT200	
6	下轴衬	1	ZQA19-4	
5	上轴衬	1	ZQA19-4	
4	轴承盖	1	HT200	
3	垫圈8	2	Q235	GB/T97.1—2002
2	螺母M8	2	Q235	GB/T6170—2000
1	螺柱M8×55	2	Q235	GB/T1898—1988
序号	名称	数量	材料	备注

图 7-3　沿零件结合面剖切(拆卸画法)

2) 假想画法

在装配图中，为了表示运动零件的极限位置或运动范围，常将其画在一个极限位置上，另用双点画线画出零件的另一极限位置，并注上尺寸，此表达方法称为假想画法。

在图 7-4(a)中的手柄转到左边处和图 7-4(b)所示的铣床顶尖的轴向运动范围均用双点画线表示。

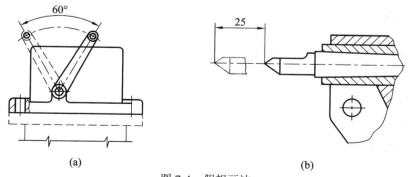

(a)　　　　　　　　　　　　　　　(b)

图 7-4　假想画法

3) 简化画法

对于装配图中若干相同的零件组，如螺纹紧固件等，可详细地画出一组，其余只用点画线表示出位置即可，如图 7-5 所示的螺柱和轴承。

在装配图中，对断面厚度小于 2 mm 的零件可以涂黑来代替剖面线。一般省略零件的较小工艺结构，如倒角、退刀槽和小圆角等。

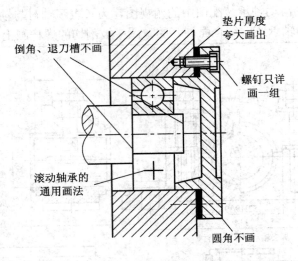

倒角、退刀槽不画

垫片厚度夸大画出

螺钉只详画一组

滚动轴承的通用画法

圆角不画

图 7-5　简化画法

3. 装配图中的尺寸和技术要求

装配图主要用于表达零部件的装配关系，因此尺寸标注的要求不同于零件图。一般只需标注装配体的规格尺寸、装配尺寸、安装尺寸、外形尺寸和其他一些重要的尺寸。

装配图中的技术要求主要为说明机器或部件在装配、检验、使用时应达到的技术性能。一般有以下三个方面的内容：

(1) 装配过程中的注意事项和装配后应满足的要求等。例如，应满足零件装配的加工要求、装配后的密封要求等。

(2) 检验、试验的条件以及操作要求。

(3) 对产品的使用、维护、保养以及运输方面的要求。

三、任务实施

1. 了解和分析测绘对象——减速器

详见项目一。

2. 拆卸部件

详见项目二。

3. 画装配示意图

详见项目二。

4. 绘制零件草图

详见项目三至项目六。

5. 零件尺寸的测量

详见项目三至项目六。

6. 尺寸标注

详见项目三至项目六。

7. 画装配草图和装配图

装配图的作图过程一般如图 7-6 所示。

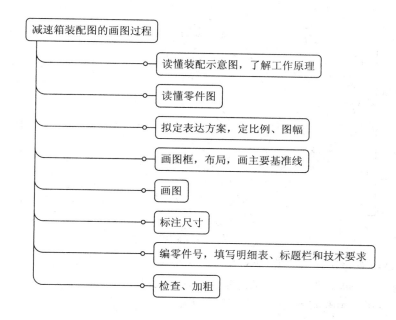

图 7-6 装配图的作图过程

1) **确定表达方案**

(1) 选择主视图。主视图按工作位置放置。为表示箱体、箱盖用圆锥销定位和用螺栓连接的装配关系以及透气塞、视油窗、放油孔螺塞等减速箱附件的结构和装配关系,拟采用多处局部剖视,如图 7-7 所示。

(2) 选择俯视图。俯视图采用拆卸箱盖等零件后沿箱体、箱盖结合面剖切,表达了传动路线、齿轮减速器工作原理,以及输入轴、输出轴、轴承组合(滚动轴承、套筒、端盖、密封、调整环和挡油环)、齿轮等各零件的装配关系和形状特征。画图过程中轴应按不剖画;为表达齿轮啮合,对齿轮轴的啮合区采用局部剖;箱体一角局部剖切,以看到底板的安装孔,便于标注安装尺寸,如图 7-7 所示。

(3) 定比例、图幅。根据总体尺寸和视图数量,选择合适的图幅(A2 图幅)和比例(1:1)。

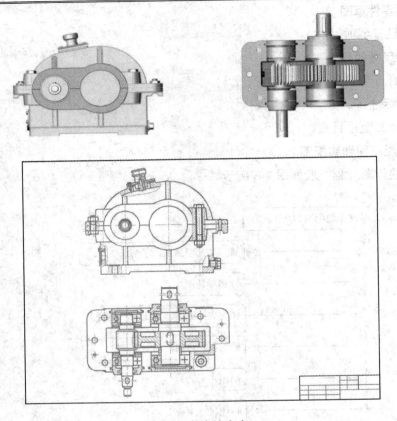

图 7-7　表达方案

2) 画图框，布局，画主要基准线

(1) 布局时要考虑标题栏和明细表等，计算轮廓尺寸，合理布置图。

(2) 画各视图的主要基准线(主要轴线、对称中心线、基面或端面)，如图 7-8 所示。

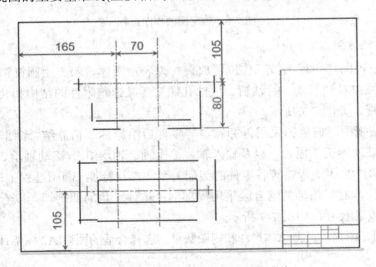

图 7-8　画图框，布局，画主要基准线

3) 画图

(1) 用淡、细线条画底图，如图 7-9 所示。

(2) 先画主要零件，后画次要零件。

(3) 先画整体，后画细节。

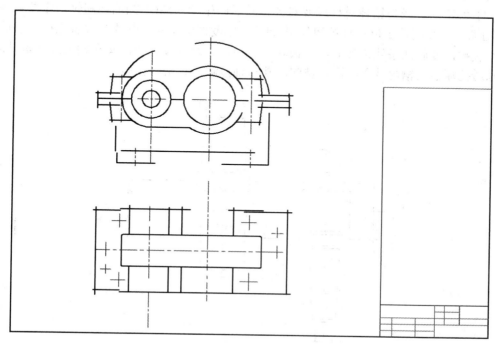

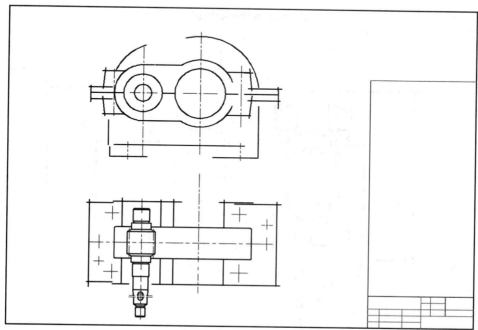

图 7-9　画图

4) 画俯视图

画俯视图和剖视图时要尽量从主要装配线入手，由内向外逐个画出，如图7-10所示。

先确定箱体、箱盖的主要轮廓，画出箱体内壁线、轴承座轮廓线；然后画轴承旁螺栓的位置和箱体轴承座孔的端面线，定出滚动轴承的位置及轮廓尺寸；再画挡油环和齿轮轴轮廓，小齿轮的中线与箱体对称线要对齐；随后画轴承内圈(由挡油环和轴肩定位)、轴承外圈(由调整环和端盖定位)、轴承间隙(由调整环厚度调整)，并且画透孔端盖孔径大于轴径，与轴不接触，要画两条线；接着画大齿轮、套筒、轴承内圈并依次套在轴上且靠紧轴肩；最后画透孔端盖的槽内装入毡圈，毡圈的孔与轴接触，起密封作用。

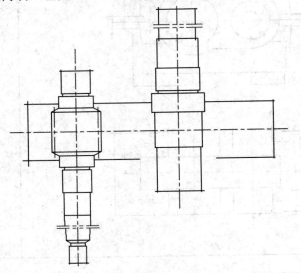

(a) 画俯视图中心线位置

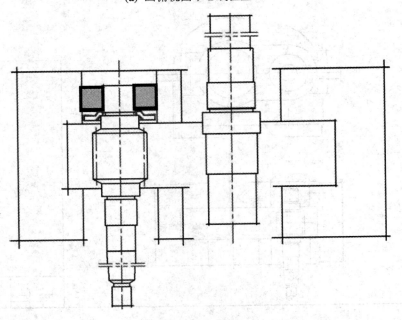

(b) 画轴承和挡油环

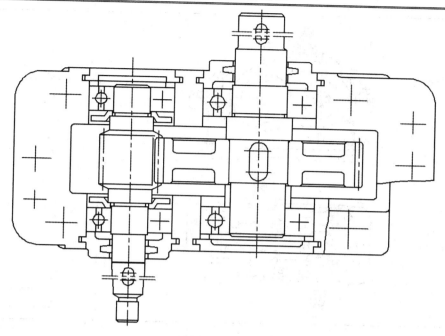

(c) 绘制俯视图其他结构

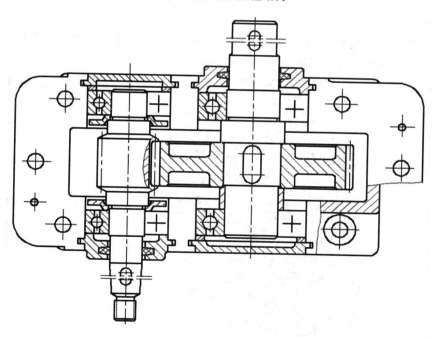

(d) 加深俯视图

图 7-10 俯视图画法

5) 绘制主视图

用手工绘图或 CAD 绘制装配主视图，如图 7-11 所示。

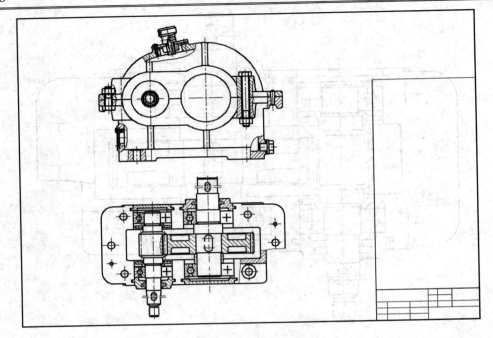

图 7-11　绘制主视图

6) 标注尺寸

　　装配图一般应标注性能规格尺寸、装配尺寸(配合尺寸、相对位置尺寸和装配时加工尺寸)、安装尺寸、外形尺寸及其他重要尺寸，如图 7-12 所示。

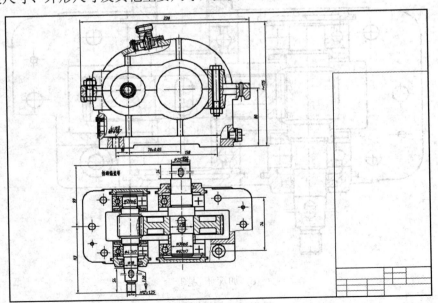

图 7-12　标注尺寸

7) 完善图纸

　　编零件号，填写明细表、标题栏和技术要求，检查图纸，描深相关线条。

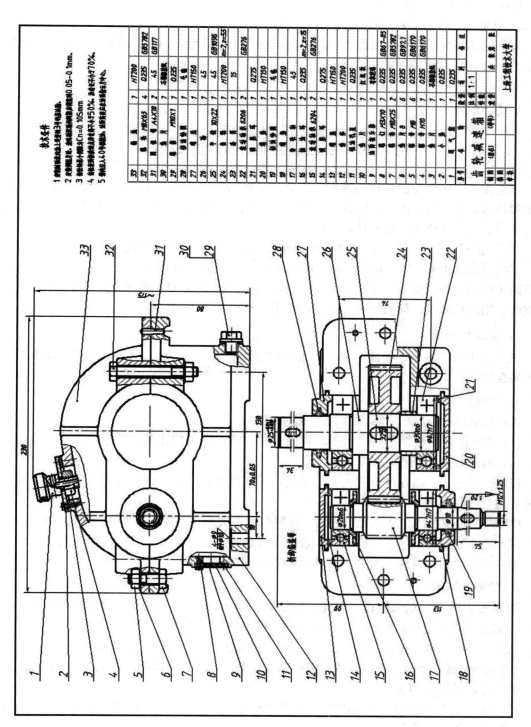

图 7-13　填写明细表、标题栏和技术要求

8) 画零件图

根据文中所述画出零件图。

9) 审查，整理，装订和交图

为了保证图纸的完整性及便于管理，图纸必须装订成册。图纸折叠装订时必须按规定进行。

四、拓展知识

用 AutoCAD 绘制装配图的方法及技巧

装配图是表达机器或部件的图样，主要反映机器或部件的工作原理、装配关系、结构形状和技术要求，也是指导机器或部件的安装、检验、调试、操作、维护的重要参考资料，同时又是进行技术交流的重要技术文件。

与手工绘图相比，用 AutoCAD 绘制装配图的过程更容易、更有效。设计时，可先将各零件准确地绘制出来，然后拼画成装配图。同时，在 AutoCAD 中修改或创建新的设计方案及拆画零件图也变得更加方便。运用 AutoCAD 绘制二维装配图一般可分为以下几种：直接绘制法、图块插入法、插入图形文件法以及用设计中心插入图块等方法。

1. 直接绘制法

该方法主要运用二维绘图、编辑、设置和层控制等功能，可按照装配图的画图步骤绘制出装配图。

1) 绘图步骤

AutoCAD 直接绘制二维装配图的一般步骤如下：

(1) 确定图幅。根据部件的大小，视图数量来确定画图的比例、图幅的大小，画出图框，留出标题栏和明细栏的位置。

(2) 布置视图。画各视图的主要基准线，并注意各视图之间留有适当间隔，以便标注尺寸和进行零件编号。

(3) 画主要装配线。从主视图开始，按照装配干线从传动齿轮开始，由里向外画。

(4) 完成装配图。包括校核底稿，进行图线加深，画剖面线、尺寸界线、尺寸线和箭头；编注零件序号，注写尺寸数字，填写标题栏和技术要求。

2) 绘制装配图

绘制图 7-14 所示的装配图。首先设图幅 A4 和绘图环境，可根据该装配图包含的 5 个零件，创建下列 5 个零件图层：轴、齿轮、平键、垫圈和螺母。

从主要零件开始，在相应的零件层由右向左依次画出 5 个零件，即从轴 1→齿轮 2→平键 3→垫圈 4→螺母 5 逐一画出，注意应将影响装配关系的尺寸准确绘制出来，然后标注尺寸，编序号，填写明细表。

通过该方法绘制出的二维装配图，各零件的尺寸精确且在不同的层，为修改设计后从装配图拆画零件图提供了方便。

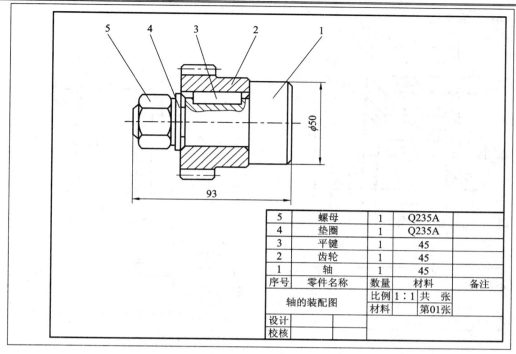

5	螺母	1	Q235A	
4	垫圈	1	Q235A	
3	平键	1	45	
2	齿轮	1	45	
1	轴	1	45	
序号	零件名称	数量	材料	备注

轴的装配图	比例1:1共　张
	材料　　　第01张
设计	
校核	

图 7-14　轴的装配图

2．图块插入法

图块插入法是将装配图中的各个零部件的图形先制作成图块，然后再按零件间的相对位置将图块逐个插入，拼画成装配图。

1) 拼画装配图

拼画装配图的绘制步骤如下：

(1) 绘图前应当进行必要的设置，统一图层线型、线宽、颜色，各零件的比例应当一致，为了绘图方便，比例选择为 1:1。

(2) 各零件的尺寸必须准确，可以暂不标尺寸和填充剖面线；或在制作零件图块之前把零件上的尺寸层、剖面线层关闭，将每个零件用"写"Wblock 命令定义为 dwg 文件。为方便零件间的装配，块的基点应选择在与其零件有装配关系或定位关系的关键点上。

(3) 调入主要零件(如图 7-14 中的轴)，然后沿着轴展开，逐个插入齿轮、平键、垫圈和螺母。插入后，如果需要擦除不可见的线段，须先将插入的块分解。

(4) 根据零件间的装配关系，检查各零件间是否有干涉现象。

(5) 根据所需比例对装配图进行缩放，再按照装配图中标注尺寸的要求标注尺寸及公差，最后填写标题栏和明细表。

2) 绘制图 7-16 所示的装配图

(1) 建立各零件图块，如图 7-15 所示。首先把零件图轴打开，用层对话框将尺寸层关闭，然后制作块。

(2) 插入图块。

(3) 检查，修改。

(4) 完成全图。

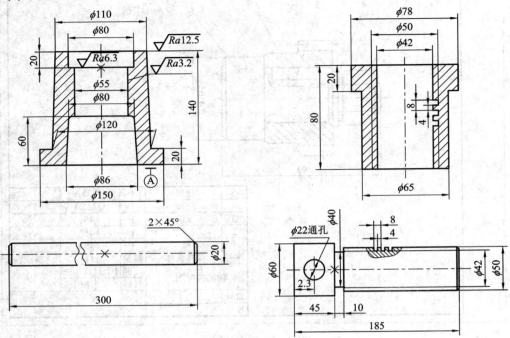

图 7-15　各零件图块

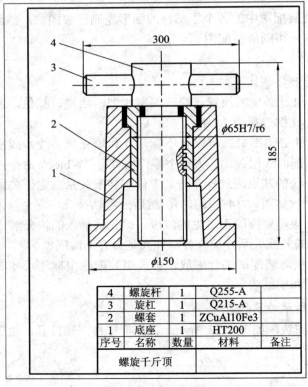

4	螺旋杆	1	Q255-A	
3	旋杠	1	Q215-A	
2	螺套	1	ZCuAl10Fe3	
1	底座	1	HT200	
序号	名称	数量	材料	备注
螺旋千斤顶				

图 7-16　螺旋千斤顶

3．用设计中心插入图块

设计中心是一个集成化的图形组织和管理工具。利用设计中心，可方便、快速地浏览或使用其他图形文件中的图形、图块、图层和线型等信息，大大提高了绘图效率，如图7-17所示。

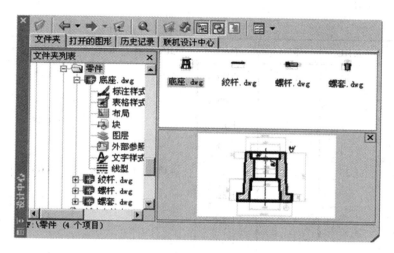

图 7-17   设计中心

在绘制零件图时，为了装配的方便，可将零件图的主视图或其他视图分别定义成块。注意，在定义块时应不包括零件的尺寸标注和定位中心线，块的基点应选择在与其有装配定位关系的点上。

4．插入图形文件法

在 AutoCAD 2000 以后，图形文件可以在不同的图形中直接插入。如果已经绘制了机器或部件的所有图形，当需要一张完整的装配图时，也可考虑利用直接插入图形文件法来拼画装配图。这样既可以避免重复劳动，又提高了绘图效率。

为了使图形插入后能准确地放置到应在的位置，在绘制完零件图形后，应先关闭尺寸层、标注层、剖面线层等，再用"base"命令设置好插入基点，然后再存盘。

附录 1 优先数和优先数系 GB/T 321—2005

R5	R10	R20	R40	R5	R10	R20	R40
1.00	1.00	1.00	1.00		3.15	3.15	3.15
			1.06				3.35
		1.12	1.12			3.55	3.55
			1.18				3.75
	1.25	1.25	1.25	4.00	4.00	4.00	4.00
			1.32				4.25
		1.40	1.40			4.50	4.50
			1.50				4.75
1.60	1.60	1.60	1.60		5.00	5.00	5.00
			1.70				5.30
		1.80	1.80			5.60	5.60
			1.90				6.00
	2.00	2.00	2.00	6.30	6.30	6.30	6.30
			2.12				6.70
		2.24	2.24			7.10	7.10
			2.36				7.50
2.50	2.50	2.50	2.50		8.00	8.00	8.00
			2.65				8.50
		2.80	2.80			9.00	9.00
			3.00				9.50
				10.00	10.00	10.00	10.00

附录2 标准公差数值表 GB/T 1800.2—2009

公称尺寸/mm		IT1	IT2	IT3	IT4	IT5	IT6	IT7	IT8	IT9	IT10	IT11	IT12	IT13	IT14	IT15	IT16	IT17	IT18
大于	至					μm										mm			
—	3	0.8	1.2	2	3	4	6	10	14	25	40	60	0.1	0.14	0.25	0.40	0.60	1.0	1.4
3	6	1	1.5	2.5	4	5	8	12	18	30	48	75	0.12	0.18	0.30	0.48	0.75	1.2	1.8
6	10	1	1.5	2.5	4	6	9	15	22	36	58	90	0.15	0.22	0.36	0.58	0.90	1.5	2.2
10	18	1.2	2	3	5	8	11	18	27	43	70	110	0.18	0.23	0.43	0.70	1.10	1.8	2.7
18	30	1.5	2.5	4	6	9	13	21	33	52	84	130	0.21	0.33	0.52	0.84	1.30	2.1	3.3
30	50	1.5	2.5	4	7	11	16	25	39	62	100	160	0.25	0.39	0.62	1.00	1.60	2.5	3.9
50	80	2	3	5	8	13	19	30	46	74	120	190	0.3	0.46	0.74	1.20	1.90	3.0	4.6
80	120	2.5	4	6	10	15	22	35	54	87	140	220	0.35	0.54	0.87	1.40	2.20	3.5	5.4
120	180	3.5	5	8	12	18	25	40	63	100	160	250	0.4	0.63	1.00	1.60	2.50	4.0	6.3
180	250	4.5	7	10	14	20	29	46	72	115	185	290	0.46	0.72	1.15	1.85	2.90	4.6	7.2
250	315	6	8	12	16	23	32	52	81	130	210	320	0.52	0.81	1.30	2.10	3.20	5.2	8.1
315	400	7	9	13	18	25	36	57	89	140	230	360	0.57	0.89	1.40	2.30	3.6	5.7	8.9
400	500	8	10	15	20	27	40	63	97	155	250	400	0.63	0.97	1.55	2.50	4	6.3	9.7
500	630	9	11	16	22	32	44	70	110	175	280	440	0.7	1.1	1.75	2.8	4.4	7.0	11.0
630	800	10	13	18	25	36	50	80	125	200	320	500	0.8	1.25	2.0	3.2	5	8.0	12.5
800	1000	11	15	21	29	40	56	90	140	230	360	560	0.9	1.40	2.3	3.6	5.6	9.0	14.0
1000	1250	13	18	24	33	47	66	105	165	260	420	660	1.05	1.65	2.6	4.2	6.6	10.5	16.5
1250	1600	15	21	29	39	55	78	125	195	310	500	780	1.25	1.95	3.1	5.0	7.8	12.5	19.5
1600	2000	18	25	35	46	65	92	150	230	370	600	920	1.5	2.3	3.7	6.0	9.2	15.0	23.0
2000	2500	22	30	41	55	78	110	175	280	440	700	1100	1.75	2.8	4.4	7.0	11.0	17.5	28.0
2500	3150	26	36	50	68	96	135	210	330	540	860	1350	2.1	3.3	5.4	8.6	13.5	21.0	33.0

注：① 公称尺寸大于 500 mm 的 IT1～IT5 的标准公差数值为试行。

② 公称尺寸小于或等于 1 mm 时，无 IT14～IT18。

附录 3　孔的极限差值

公差带	等级	基本尺寸/mm							
		>0～18	>18～30	>30～50	>50～80	>80～120	>120～180	>180～250	>250～315
D	8	+77 +50	+98 +65	+119 +80	+146 +100	+174 +120	+208 +145	+242 +170	+271 +190
	▼9	+93 +50	+117 +65	+142 +80	+174 +100	+207 +120	+245 +145	+285 +170	+320 +190
	10	+120 +50	+149 +65	+180 +80	+220 +100	+260 +120	+305 +145	+355 +170	+400 +190
	11	+160 +50	+195 +65	+240 +80	+290 +100	+340 +120	+395 +145	+460 +170	+510 +190
E	6	+43 +32	+53 +40	+66 +50	+79 +60	+94 +72	+110 +85	+129 +100	+142 +110
	7	+50 +32	+61 +40	+75 +50	+90 +60	+107 +72	+125 +85	+146 +100	+162 +110
	8	+59 +32	+73 +40	+89 +50	+106 +60	+126 +72	+148 +85	+172 +100	+191 +110
	9	+75 +32	+92 +40	+112 +50	+134 +60	+159 +72	+185 +85	+215 +100	+240 +110
	10	+102 +32	+124 +40	+150 +50	+180 +60	+212 +72	+245 +85	+285 +100	+320 +110
F	6	+27 +16	+33 +20	+41 +25	+49 +30	+58 +36	+68 +43	+79 +50	+88 +56
	7	+34 +16	+41 +20	+50 +25	+60 +30	+71 +36	+83 +43	+96 +50	+108 +56
	▼8	+43 +16	+53 +20	+64 +25	+76 +30	+90 +36	+106 +43	+122 +50	+137 +56
	9	+59 +16	+72 +20	+87 +25	+104 +30	+123 +36	+143 +43	+165 +50	+186 +56

公差带	等级	基本尺寸/mm							
		>0～18	>18～30	>30～50	>50～80	>80～120	>120～180	>180～250	>250～315
H	6	+11 0	+13 0	+16 0	+19 0	+22 0	+25 0	+29 0	+32 0
	▼7	+18 0	+21 0	+25 0	+30 0	+35 0	+40 0	+46 0	+52 0
	▼8	+27 0	+33 0	+39 0	+46 0	+54 0	+63 0	+72 0	+81 0
	▼9	+43 0	+52 0	+62 0	+74 0	+87 0	+100 0	+115 0	+130 0
	10	+70 0	+84 0	+100 0	+120 0	+140 0	+160 0	+185 0	+210 0
	▼11	+110 0	+130 0	+160 0	+190 0	+220 0	+250 0	+290 0	+320 0
K	6	+2 −9	+2 −11	+3 −13	+4 −15	+4 −18	+4 −21	+5 −24	+5 −27
	▼7	+6 −12	+6 −15	+7 −18	+9 −21	+10 −25	+12 −28	+13 −33	+16 −36
	8	+8 −19	+10 −23	+12 −27	+14 −32	+16 −38	+20 −43	+22 −50	+25 −56
N	6	−9 −20	−11 −28	−12 −24	−14 −33	−16 −38	−20 −45	−22 −51	−25 −57
	▼7	−5 −23	−7 −28	−8 −33	−9 −39	−10 −45	−12 −52	−14 −60	−14 −66
	8	−3 −30	−3 −36	−3 −42	−4 −50	−4 −58	−4 −67	−5 −77	−7 −86
P	6	−15 −26	−18 −31	−21 −37	−26 −45	−30 −52	−36 −61	−41 −70	−47 −79
	▼7	−11 −29	−14 −35	−17 −42	−21 −51	−24 −59	−28 −68	−33 −79	−36 −88

注：标注▼者为优先公差等级，应优先选用。

附录4　轴的极限偏差

公差带	等级	基本尺寸/mm							
		>0~18	>18~30	>30~50	>50~80	>80~120	>120~180	>180~250	>250~315
d	6	−50 −61	−65 −78	−80 −96	−100 −119	−120 −142	−145 −170	−170 −199	−190 −222
	7	−50 −68	−65 −86	−80 −105	−100 −130	−120 −155	−145 −185	−170 −216	−190 −242
	8	−50 −77	−65 −98	−80 −119	−100 −146	−120 −174	−145 −208	−170 −242	−190 −271
	▼9	−50 −93	−65 −117	−80 −142	−100 −174	−120 −207	−145 −245	−170 −285	−190 −320
	10	−50 −120	−65 −149	−80 −180	−100 −220	−120 −260	−145 −305	−170 −355	−190 −400
f	▼7	−16 −34	−20 −41	−25 −50	−30 −60	−36 −71	−43 −83	−50 −96	−56 −108
	8	−16 −43	−20 −53	−25 −64	−30 −76	−36 −90	−43 −106	−50 −122	−56 −137
	9	−16 −59	−20 −72	−25 −87	−30 −104	−36 −123	−43 −143	−50 −165	−56 −186
g	5	−6 −14	−7 −16	−9 −20	−10 −23	−12 −27	−14 −32	−15 −35	−17 −40
	▼6	−6 −17	−7 −20	−9 −25	−10 −29	−12 −34	−14 −39	−15 −44	−17 −49
	7	−6 −24	−7 −28	−9 −34	−10 −40	−12 −47	−14 −54	−15 −61	−17 −69
h	5	0 −8	0 −9	0 −11	0 −13	0 −15	0 −18	−0 −20	0 −23
	▼6	0 −11	0 −13	0 −16	0 −19	0 −22	0 −25	−0 −29	0 −32
	▼7	0 −18	0 −21	0 −25	0 −30	0 −35	0 −40	−0 −46	0 −52
	8	0 −27	0 −33	0 −39	0 −46	0 −54	0 −63	−0 −72	0 −81
	▼9	0 −43	0 −52	0 −62	0 −74	0 −87	0 −100	−0 −115	0 −130

续表

公差带	等级	基本尺寸/mm							
		>0～18	>18～30	>30～50	>50～80	>80～120	>120～180	>180～250	>250～315
K	5	+9 +1	+11 +2	+13 +2	+15 +2	+18 +3	+21 +3	+24 +4	+27 +4
	▼6	+12 +1	+15 +2	+18 +2	+21 +2	+25 +3	+28 +3	+33 +4	+36 +4
	7	+19 +1	+23 +2	+27 +2	+32 +2	+38 +3	+43 +3	+50 +4	+56 +4
M	5	+15 +7	+17 +8	+20 +9	+24 +11	+28 +13	+33 +15	+37 +17	+43 +20
	6	+18 +7	+21 +8	+25 +9	+30 +11	+35 +13	+40 +15	+46 +17	+52 +20
	7	+25 +7	+29 +8	+34 +9	+41 +11	+48 +13+55	+55 +15	+63 +17	+72 +20
N	5	+20 +12	+24 +15	+28 +17	+33 +22	+38 +23	+45 +27	+51 +31	+57 +34
	▼6	+23 +12	+28 +15	+33 +17	+39 +20	+45 +23	+52 +27	+60 +31	+66 +34
	7	+30 +12	+36 +15	+42 +17	+50 +20	+58 +23	+67 +27	+77 +31	+86 +34
p	5	+26 +18	+31 +22	+37 +26	+45 +32	+52 +37	+61 +43	+70 +50	+79 +56
	▼6	+29 +18	+34 +22	+42 +26	+51 +32	+59 +37	+68 +43	+79 +50	+88 +56
	7	+36 +18	+43 +22	+51 +26	+62 +32	+72 +37	+83 +43	+96 +50	+108 +56

注：标注▼者为优先公差等级，应优先选用。

附录5　基孔制优先、常用配合

基准孔	轴																				
	a	b	c	d	e	f	g	h	js	k	m	n	p	r	s	t	u	v	x	y	z
	间隙配合								过渡配合			过盈配合									
H6						$\frac{H6}{f5}$	$\frac{H6}{g5}$	$\frac{H6}{h5}$	$\frac{H6}{js5}$	$\frac{H6}{k5}$	$\frac{H6}{m5}$	$\frac{H6}{n5}$	$\frac{H6}{p5}$	$\frac{H6}{r5}$	$\frac{H6}{s5}$	$\frac{H6}{t5}$					
H7						$\frac{H7}{f6}$	▲$\frac{H7}{g6}$	▲$\frac{H7}{h6}$	$\frac{H7}{js6}$	▲$\frac{H7}{k6}$	$\frac{H7}{m6}$	▲$\frac{H7}{n6}$	▲$\frac{H7}{p6}$	$\frac{H7}{r6}$	▲$\frac{H7}{s6}$	$\frac{H7}{t6}$	▲$\frac{H7}{u6}$	$\frac{H7}{v6}$	$\frac{H7}{x6}$	$\frac{H7}{y6}$	$\frac{H7}{z6}$
H8					$\frac{H8}{e7}$	▲$\frac{H8}{f7}$	$\frac{H8}{g7}$	▲$\frac{H8}{h7}$	$\frac{H8}{js7}$	$\frac{H8}{k7}$	$\frac{H8}{m7}$	$\frac{H8}{n7}$	$\frac{H8}{p7}$	$\frac{H8}{r7}$	$\frac{H8}{s7}$	$\frac{H8}{t7}$	$\frac{H8}{u7}$				
				$\frac{H8}{d8}$	$\frac{H8}{e8}$	$\frac{H8}{f8}$		$\frac{H8}{h8}$													
H9			$\frac{H9}{c9}$	▲$\frac{H9}{d9}$	$\frac{H9}{e9}$	$\frac{H9}{f9}$		▲$\frac{H9}{h9}$													
H10			$\frac{H10}{c10}$	$\frac{H10}{d10}$				$\frac{H10}{h10}$													
H11	$\frac{H11}{a11}$	$\frac{H11}{b11}$	▲$\frac{H11}{c11}$	$\frac{H11}{d11}$				▲$\frac{H11}{h11}$													
H12		$\frac{H12}{a12}$						$\frac{H12}{h12}$													

注：① $\frac{H6}{n5}$、$\frac{H7}{p6}$ 在基本尺寸小于或等于 3 mm 和 $\frac{H8}{r7}$ 在基本尺寸小于或等于 100 mm 时，为过渡配合。

② 标注"▲"的代号为优先配合。

附录6　基轴制优先、常用配合

基准轴	孔																				
	A	B	C	D	E	F	G	H	JS	K	M	N	P	R	S	T	U	V	X	Y	Z
	间隙配合								过渡配合			过盈配合									
h5						$\frac{F6}{h5}$	$\frac{G6}{h5}$	$\frac{H6}{h5}$	$\frac{JS6}{h5}$	$\frac{K6}{h5}$	$\frac{M6}{h5}$	$\frac{N6}{h5}$	$\frac{P6}{h5}$	$\frac{R6}{h5}$	$\frac{S6}{h5}$	$\frac{T6}{h5}$					
h6						$\frac{F7}{h6}$	▲$\frac{G7}{h6}$	▲$\frac{H7}{h6}$	$\frac{JS7}{h6}$	▲$\frac{K7}{h6}$	$\frac{M7}{h6}$	▲$\frac{N7}{h6}$	▲$\frac{P7}{h6}$	$\frac{R7}{h6}$	▲$\frac{S7}{h6}$	$\frac{T7}{h6}$	▲$\frac{U7}{h6}$				
h7					$\frac{E8}{h7}$	▲$\frac{F8}{h7}$		▲$\frac{H8}{h7}$	$\frac{JS8}{h7}$	$\frac{K8}{h7}$	$\frac{M8}{h7}$	$\frac{N8}{h7}$									
h8				$\frac{D8}{h8}$	$\frac{E8}{h8}$	$\frac{F8}{h8}$		$\frac{H8}{h8}$													
h9				▲$\frac{D9}{h9}$	$\frac{E9}{h9}$	$\frac{F9}{h9}$		▲$\frac{H9}{h9}$													
h10				$\frac{D10}{h10}$				$\frac{D10}{h10}$													
h11	$\frac{A11}{h11}$	$\frac{B11}{h11}$	▲$\frac{C11}{h11}$	$\frac{D11}{h11}$				▲$\frac{H11}{h11}$													
h12		$\frac{B12}{h12}$						$\frac{H12}{h12}$													

注：① 标注"▲"的代号为优先配合。

附录 7　普通螺纹螺距标准 GB/T 193—2003

公称直径 D、d			螺距 P										
第1系列	第2系列	第3系列	粗牙	细牙									
				3	2	1.5	1.25	1	0.75	0.5	0.35	0.25	0.2
1			0.25										0.2
	1.1		0.25										0.2
1.2			0.25										0.2
	1.4		0.3										0.2
1.6			0.35										0.2
	1.8		0.35										0.2
2			0.4									0.25	
	2.2		0.45									0.25	
2.5			0.45								0.35		
3			0.5								0.35		
	3.5		0.6								0.35		
4			0.7							0.5			
	4.5		0.75							0.5			
5			0.8							0.5			
		5.5								0.5			
6			1						0.75				
	7		1						0.75				
8			1.25					1	0.75				
		9	1.25					1	0.75				
10			1.5				1.25	1	0.75				
		11	1.5			1.5		1	0.75				
12			1.75				1.25	1					
	14		2			1.5	1.25	1					
		15				1.5		1					
16			2			1.5		1					

续表

公称直径 D、d			螺距 P									
				细牙								
第1系列	第2系列	第3系列	粗牙	3	2	1.5	1.25	1	0.75	0.5	0.35	0.25	0.2
		17				1.5		1				
	18		2.5		2	1.5		1				
20			2.5		2	1.5		1				
	22		2.5		2	1.5		1				
24			3		2	1.5		1				
		25			2	1.5		1				
		26				1.5						
	27		3		2	1.5		1				
		28			2	1.5		1				
30			3.5	(3)	2	1.5		1				
		32			2	1.5						
	33		3.5	(3)	2	1.5						

附录 8　平垫圈 GB/T 95—2002

公称规格	内径 d_1		外径 d_2		厚度 h		
(螺纹大径 d)	公称/min	max	公称/max	min	公称	max	min
1.6	1.8	2.05	4	3.25	0.3	0.4	0.2
2	2.4	2.65	5	4.25	0.3	0.4	0.2
2.5	2.9	3.15	6	5.25	0.5	0.6	0.4
3	3.4	3.7	7	6.1	0.5	0.6	0.4
4	4.5	4.8	9	8.1	0.8	1.0	0.6
5	5.5	5.8	10	9.1	1	1.2	0.8
6	6.6	6.96	12	10.9	1.6	1.9	1.3
8	9	9.36	16	14.9	1.6	1.9	1.3
10	11	11.43	20	18.7	2	2.3	1.7
12	13.5	13.93	24	22.7	2.5	2.8	2.2
16	17.5	17.93	30	287	3	3.6	2.4
20	22	22.52	37	35.4	3	3.6	2.4
24	26	26.52	44	42.4	4	4.6	3.4
30	33	33.62	56	54.1	4	4.6	3.4
36	39	40	66	64.1	5	6	4
42	45	46	78	76.1	8	9.2	6.8
48	52	53.2	92	89.8	8	9.2	6.8
56	62	63.2	105	102.8	10	11.2	8.8
64	70	71.2	115	112.8	10	11.2	8.8

附录 9　标准型弹簧垫圈(GB/T 93—1987)

规格	d		$h \approx b$			H		每1000件铜制品的质量≈kg
	min	max	公称	min	max	min	max	
2	2.1	2.35	0.5	0.42	0.58	1	1.25	0.02
2.5	2.6	2.85	0.65	0.57	0.73	1.3	1.63	0.03
3	3.1	3.4	0.8	0.7	0.9	1.6	2	0.06
4	4.1	4.4	1.1	1	1.2	2.2	2.75	0.15
5	5.1	5.4	1.3	1.2	1.4	2.6	3.25	0.25
6	6.1	6.68	1.6	1.5	1.7	3.2	4	0.47
8	8.1	8.68	2.1	2	2.2	4.2	5.25	1.07
10	10.2	10.9	2.6	2.45	2.75	5.2	6.5	2.05
12	12.2	12.9	3.1	2.95	3.25	6.2	7.75	3.49
14	14.2	14.9	3.6	3.4	3.8	7.2	9	5.47
16	16.2	16.9	4.1	3.9	4.3	8.2	10.25	8.09
18	18.2	19.04	4.5	4.3	4.7	9	11.25	10.91
20	20.2	21.04	5	4.8	5.2	10	12.5	14.95
22	22.5	23.34	5.5	5.3	5.7	11	13.75	20.11
24	24.5	25.5	6	5.8	6.2	12	15	26.06
27	27.5	28.5	6.8	6.5	7.1	13.6	17	37.64
30	30.5	31.5	7.5	7.2	7.8	15	18.75	50.73
33	33.5	34.7	8.5	8.2	8.8	17	21.25	71.96
36	36.5	37.7	9	8.7	9.3	18	22.5	87.47
39	39.5	40.7	10	9.7	10.3	20	25	117.4
42	42.5	43.7	10.5	10.2	10.8	21	26.25	138.7
45	45.5	46.7	11	10.7	11.3	22	27.5	162.3
48	48.5	49.7	12	11.7	12.3	24	30	206.7

附录 10　圆柱销 GB/T 119.2—2000

末端形状，由制造者确定

d	m6/h8[1]		1	1.5	2	2.5	3	4	5	6	8	10	12	16	20
c	≈		0.2	0.3	0.35	0.4	0.5	0.63	0.8	1.2	1.6	2	2.5	3	3.5
$l^{2)}$															
公称	min	max													
3	2.75	3.25													
4	3.75	4.25													
5	4.75	5.25													
6	5.75	6.25													
8	7.75	8.25													
10	9.75	10.25													
12	11.5	12.5													
14	13.5	14.5													
16	15.5	16.5													
18	17.5	18.5													
20	19.5	20.5						商品							
22	21.5	22.5													
24	23.5	24.5													
26	25.5	26.5						长度							
28	27.5	28.5													
30	29.5	30.5													
32	31.5	32.5						范围							
35	34.5	35.5													
40	39.5	40.5													
45	44.5	45.5													
50	49.5	50.5													
55	54.25	55.75													
60	59.25	60.75													
65	64.25	65.75													
70	69.25	70.75													
75	74.25	75.75													
80	79.25	80.75													

附录 11　圆锥销 GB/T 117—2000

	公称	3	4	5	6	8	10	12	16	20
d	min	2.96	3.95	4.95	5.95	7.94	9.94	11.93	15.93	19.92
	max	3	4	5	6	8	10	12	16	20
a	≈	0.4	0.5	0.63	0.8	1	1.2	1.6	2	2.5
l	公称	每 1000 件钢制品的重量≈kg								
16		0.98	1.7							
18		1.12	1.93	2.96						
20		1.26	2.16	3.31						
22		1.4	2.4	3.67	3.46	5.31				
24		1.55	2.65	4.04	3.97	6.19				
26		1.7	2.89	4.41	4.49	7.07	8.79			
28		1,85	3.15	4.79	5.02	7.97	10.15			
30		2.01	3.4	5.17	5.55	8.87	11.52			
32		2.17	3.67	5.55	6.08	9.78	12.9	15.3		
35		2.5	4.2	6.35	6.9	11.16	14.99	18.25		
40		2.85	4.75	7.16	8.3	13.51	18.53	23.23	32.82	
45		3.3	5.48	8.21	9.73	15.9	22.14	28.29	41.82	57.38
50			6.23	9.29	11.21	18.36	25.81	33.43	50.32	70.83
55			7.01	10.41	12.74	20.87	29.55	38.64	59.22	84.4
60				11.57	14.3	23.43	33.36	43.94	68.23	98.1

参 考 文 献

[1] 王子媛，贺爱东，林海雄. 零部件测绘实训. 2 版. 广州：华南理工大学出版社，2015.

[2] 齐世杰. 机械零部件测绘. 北京：中国劳动社会保障出版社，2013.

[3] 钱可强，王槐德. 零部件测绘实训教程. 2 版. 北京：高等教育出版社，2011.

[4] 华红芳. 机械制图与零部件造型测绘. 北京：高等教育出版社，2016.

[5] 胡建生. 机械制图(多学时). 北京：机械工业出版社，2009.

[6] 冯丽萍. 公差配合与机械测量. 北京：机械工业出版社，2010.